网络信息安全理论与技术研究

刘莉莉 ◎ 著

中国原子能出版社

图书在版编目（CIP）数据

网络信息安全理论与技术研究 / 刘莉莉著 . -- 北京 ：中国原子能出版社，2021.7
ISBN 978-7-5221-1488-0

Ⅰ．①网… Ⅱ．①刘… Ⅲ．①计算机网络－信息安全－安全技术－研究 Ⅳ．① TP393.08

中国版本图书馆 CIP 数据核字（2021）第 145789 号

网络信息安全理论与技术研究

出版发行 中国原子能出版社（北京市海淀区阜成路 43 号 100048）
策划编辑 杨晓宇
责任印刷 赵 明
装帧设计 王 斌
印　　刷 天津和萱印刷有限公司
经　　销 全国新华书店
开　　本 787mm×1092mm 1/16
印　　张 10.75
字　　数 202 千字
版　　次 2022 年 1 月第 1 版
印　　次 2022 年 1 月第 1 次印刷
标准书号 ISBN 978-7-5221-1488-0 **定　价** 68.00 元

网　址：http//www.aep.com.cn **E-mail：**atomep123@126.com
发行电话：010-68452845

作者简介

刘莉莉，女，汉族，出生于1981年2月，广西兴安人，广西警察学院讲师，毕业于广西大学计算机应用技术专业研究生班，研究方向为公安信息技术应用、大数据、计算机网络技术。工作17年来，主持市厅级在研课题1项，参与完成省部级课题3项，参与完成市厅级课题3项、在研4项，发表科研论文8篇，其中核心论文1篇，参与编写教材5部。获得2019年第十八届广西高校教育教学信息化大赛三等奖、2015年度广西警察学院教学质量奖二等奖。

前　言

随着经济科技水平的提高，计算机信息技术尤其是网络信息技术得到了飞速发展，人类社会开始步入网络信息时代，网络信息技术也逐渐成了人们生产生活中必不可少的技术之一。但是在网络信息技术蓬勃发展的同时，计算机网络信息安全问题也逐渐暴露出来，给人们日常生活中使用网络带来很大不便与信息安全隐患，为解决这一问题，网络信息安全技术应运而生。为了保证人们网络信息的安全性，应提高计算机网络数据的保密性与安全稳定，加强网络安全技术研究工作。

全书共七章。第一章为绪论，主要阐述计算机技术与互联网的发展，网络与信息安全的重要性，网络信息安全的概念与目标及体系结构框架等内容；第二章为网络信息安全现状与发展趋势，主要阐述影响网络信息安全的因素，网络信息安全的现状分析、安全问题产生的原因及发展趋势分析等内容；第三章为现代数据库与数据安全技术，主要阐述数据库安全问题、安全特性、安全保护及多级安全问题，数据备份与恢复技术等内容；第四章为现代防火墙与入侵检测技术，主要阐述防火墙的概念与作用、分类与特点、基本技术，防火墙技术的新动向，入侵检测的分类与方法、基本技术，入侵检测的分析及发展等内容；第五章为现代计算机网络病毒及其防范，主要阐述计算机病毒的产生与发展、概念与分类、防范措施及发展的新技术等内容；第六章为网络信息安全风险评估与管理，主要阐述网络环境下信息安全风险评估及关键技术，网络环境下信息安全风险管理等内容；第七章为计算机网络信息安全与防护策略，主要阐述计算机网络信息安全中的信息加密技术，大数据时达计算机网络信息的安全问题，计算机网络信息安全及其防护策略探讨等内容。

为了确保研究内容的丰富性和多样性，在写作过程中参考了大量理论与研究文献，在此向涉及的专家学者们表示衷心的感谢。

最后，限于作者水平，加之时间仓促，本书难免存在一些疏漏，在此，恳请同行专家和读者朋友批评指正！

作 者

2021 年 1 月

目录

第一章 绪 论

从第一代计算机的发明开始，由于计算机越来越广泛的社会用途，以计算机应用为基础的互联网逐渐登上历史舞台。本章分为计算机技术与互联网的发展、网络与信息安全的重要性、网络信息安全的概念与目标和网络信息安全体系结构框架四个部分。主要包括计算机的六个发展阶段、互联网的发展、网络信息安全的类型、网络信息安全的目标、网络信息安全模型等内容。

第一节 计算机技术与互联网的发展

一、计算机的发展阶段

（一）第一代计算机——电子管计算机

1943 年，英国推出一款内含 240 个真空电子管、可编程的计算机，每秒能解译 5000 个字符。同年，约翰·莫克利（John Mauchly）和约翰·伊克特（John Eckert）在美国政府的资助下开始研制用于计算弹道的电子装置。

1946 年，他们在费城推出的 ENIAC，这种计算机的正式问世也标志着现代数字计算机的正式诞生，是具有里程碑意义的。ENIAC 使用了 18 000 个电子管，每秒可进行 5000 次加法运算。ENIAC 使用的是真空电子管和磁鼓存储数据，计算机的体积也很大，所以需要的占地面积也大，这就决定了计算机需要很高的能耗才能运行，导致这种计算机的成本很高。

1949 年，第一台使用磁带的计算机 EDVAC 诞生，在计算机存储技术方面取得了革命性的突破。

1951 年，约翰·伊克特和约翰·莫克利共同设计的一台商用计算机系统 UNIVAC-1 被用于美国人口普查，标志着计算机进入了商业应用时代。

（二）第二代计算机——晶体管计算机

1954 年，美国贝尔实验室研制出了第一台使用晶体管线路的计算机，取名为“崔迪克”（TRADIC），装有 800 个晶体管。

1958 年，IBM 公司制成了第一台 RCA501 型计算机。第二代计算机才算是正式登上了舞台，相较于第一代计算机，第二代计算机的晶体管体积更小、速度更快、效率更高，它将数字计算机的速度从每秒一万几千次提高至每秒几十万次，电子存储器的数字存储量也从几千个字符提高至十万个字符。

第二代计算机所使用的语言仍然是“面向机器”的语言。尽管如此，第二代计算机却为高级语言的出现打下了良好的基础。

（三）第三代计算机——集成电路计算机

集成电路计算机是由硅元素和中、小规模集成电路构成电子计算机的主要零部件，主要的存储器采用半导体介质。运算时的速度最快可达每秒几百万次基本代数运算。在企业软件开发方面，操作系统也日趋完善。

20 世纪 50 年代后期一直到 60 年代中期，我国集成电路的快速和稳步发展也直接推动了第三代新型集成电路计算机的诞生和大量应用，60 年代末大量投入生产。

（四）第四代计算机——超大规模集成电路计算机

这种计算机由硅元素和大规模的集成电路原件为技术基础逐步发展而来，是一种新型微处理器和微型移动计算机。1967 年出现了大规模集成电路，1977 年又出现了超大规模集成电路，至此，由大规模和超大规模集成电路进行组装和完成的第四代电子计算机才终于出现。美国 ILLIAC 大型工业计算机是第一台在世界范围广泛推广、使用大规模集成电路元件作为一种逻辑处理元件和数据存储器的大型计算机。美国阿姆尔公司的 470v/6 型计算机、日本富士通公司的 47m-190 型计算机、英国曼彻斯特大学的 ICL2900 型计算机等都是比较具有代表特征的第四代新型计算机。直到这时，才真正开始逐渐出现了小型化的微处理器和微型化的移动应用计算机。

1971 年 Intel 研制成功生产并推出了 MCS-4 微型四位数字编码专用计算机，CPU 为 4040 的四位数字编码计算机，随后，Intel 又推出了 MCS-8 型（CPU 为 8080 的八位机）。

1978—1983 年，十六位微型数字计算机产业开始获得蓬勃发展，这一时期巅峰时代产品就是美国苹果公司的 286 微型数字计算机。

1983 年，32 位微型电子计算机产品开始大量出现，微处理器也相继逐步推出 80386、80486 等系列产品。

1993 年，戴尔推出了 64 位的戴尔奔腾等一系列 64 位微处理器，Pentium Ⅱ已经成为主流产品。由此我们可以得出结论，微型通用计算机的基本设计性能跟高级大型微处理器的基本性能要求是完全分不开的。

（五）第五代计算机——AI 计算机

1981 年，在日本东京提出研制第五代数字计算机的一个长期研发设想。AI 电脑主要特征就是使它模拟人类的智能，像人类一样进行思维逻辑的编辑，并且科学运算执行的速度极快，其中的硬件处理系统能够支持高速度并能够进行科学推理，其中的软件处理系统能够快速处理科学知识中的信息。神经元网络处理计算机（也可以称之为神经元互联网电脑）已经是 AI 电脑的重要代表。但第五代数字计算机目前仍然处于研发阶段。一旦研制成功投入大规模生产和使用，将会带来无限的经济发展前途，它的发展前景，必将是载入史册的。

（六）第六代计算机——生物计算机

半导体碳化硅和多晶片的集成电路集合，难以解决的问题就是散热慢，这就造成现代电脑系统性能技术进步的突破遇到了瓶颈。经研究，DNA 的双螺旋晶体结构芯片能同时容纳巨量信息，利用 DNA 基因分子技术制造生产出多种基因芯片并研制出生物计算机，已成为当今生物计算机科学技术的前沿，被业界视为极具技术发展和潜力的“第六代计算机”。

二、互联网发展史

1969 年发源于美国的互联网，又被称为因特网，是电脑交互信息网络的简称，是一种公共信息的传播载体，是一种大众信息传媒的重要传播渠道。它是很多运用通用语言进行相互通信联系的电脑构成的世界互联网络，是由广域网、局域网络及单机按照一定的国际通信网络协议连接组成的一种国际计算机通信网络。利用通信网络设备和通信线路将全球不同区域、不同地理位置的各种功能相对独立的数以千万计的国际计算机通信系统互连起来，以功能完善的国际网络通信软件（网络通信协议、网络通信操作系统等）直接实现国际网络数据资源信息共享和网络信息资源交换。

（一）互联网的起源

互联网发展的推动力是美国的冷战思维。美国国防部为了保证美国本土防卫力量和海外防御武装在受到苏联第一次核打击以后仍然具有一定的生存和反击能力，认为有必要设计出一种分散的指挥系统。1969 年美国国防部开发 ARPANET，进行联网的研究。美国在国际军事中的高科技装备应用和技术开发领域方面占据领导地位。当时的光纤网络平均传输负载能力只有 50 kbps，按国际标准来说就是非常低的，随着进行相互交流的计算机不断加入，出现了在网点之间进行传送的小文本文件，即后来的 E-mail；也出现了大文本文件，即后来的 FTP，同时也发现远程使用电脑网络资源的一种方法——Telnet，这些都是网络上较早出现的传输信息的重要工具。

（二）TCP/IP 协议的产生

互联网的始祖——阿帕（ARPANET）对于技术的另一个重要贡献就是 TCP/IP 协议簇的开发和利用，提出了一种开放式的网络框架——TCP/IP（传输控制协议 / 网际性网络）协议。使得连入 ARPANET 的主机实现了由 NCP 到 TCP/IP 协议的切割转换。为了将这些通信协议和网络连接起来，温顿瑟夫提出在每个网络内部都各自使用自己的通信协议，在和其他非内部的网络通信时才使用 TCP/IP 协议，为 TCP/IP 协议在网络互联方面奠定了不可撼动的基础，以 TCP/IP 协议为基础的公用网络的发展，大力地推动着互联网的发展。

（三）互联网的基础——NSFNET

20 世纪 80 年代，ARPANET 被重新细分并形成了两个组成部分，即 ARPANET 和用于纯军事用途的 MILNET。在 20 世纪 90 年代早期，美国一些计算机科学家们开始号召要尽快实现美国境内所有计算机和基础信息网络资源的实时共享，以便及时改善美国教育和社会科研等多领域的重要基础信息和设施设备的建设，抵御来自欧洲、日本对于美国教育与科技领域带来的严峻挑战与激烈竞争。

1985 年，美国国家科学基金会为实现学者和研究机构都能共享到四台非常昂贵的计算机主机的目标，想通过这四台巨型计算机联系各大学学者、研究所科研工作者。原本美国国家科学基金会已经尝试着将“NSFNET”作为一条通信线，然而，由于军事性质以及政府部门的控制，该决策未能取得成功。因此，他们决定投入资金并利用开发的通信协议，搭建一个名为 NSFNET 的域名。

互联网在 20 世纪 80 年代的快速扩张不单带来了数量的转变，同时也带来了质量的改变。因为许多学术组织、科研单位和广大个人用户的使用，互联网络的用户已经不单单局限于纯电脑或专门的计算机人员。电脑相互之间的联系和通信深深吸引着使用者，所以他们逐渐将互联网看成是一种交换和通信的工具。NSFNET 对互联网的最大贡献就是要让互联网向整个社会公众开放，这种网络服务不像以前单纯只是为了让计算机科学研究的人员和政府部门使用，更多的计算机爱好者希望透过这种方式，使得他们获得想要的资料。

（四）中国互联网的发展

1987 年 9 月 20 日，我国著名学者钱天白教授发出我国第一封以“越过长城，通向世界”命名的电子邮件，揭开了中国“让我们走上互联网”的序幕。1990 年年底，钱教授代表中国正式在 DDN-NIC（国际互联网络信息中心的前身）成功登记注册了一个中国的顶级国际互联网域名 CN，自此成功开通了一个使用 CN 的国际化电子商务邮件的发送服务，这标志着互联网在我国进入了一个快速发展的新时期。1996 年中国骨干网建成并正式开始投入商业运营，全国各地的大型公网和民用计算机以及交换机等互联网络都已经开始为其用户提供网络服务。具体来说，互联网发展简史经历了四个重要阶段。

1. 传统广告业数据化

又称只读互联网阶段。在这一阶段，互联网与传统广告业结合，通过数据化，使传统广告业转化为数字经济。“互联网 1.0”阶段完成了传统广告业数据化。

2. 内容产业数据化

又被人们称为可读写和非互联的阶段。在这个阶段，内容产业已经基本完成了面向数据化的升级改造。“互联网 2.0”阶段已经完成了内容产业数据化。

3. 生活服务业数据化

又称为移动互联网阶段。移动互联网阶段完成了生活服务业数据化在此阶段，移动互联网对几乎涵盖所有人类生活的服务业进行了改造的数据模式。移动互联网与桌面互联网是有明显区别的，表面上看就是简单的上网形式的区别，一个是用手机和平板电脑来上网，另一个是用电脑和笔记本来上网。而实际上二者有着本质区别，主要体现在两个方面。

移动互联网最明显的特征就是能实现随时随地永远都能在线。在“桌面互联”时代，一旦我们离开办公桌，就可能意味着我们的通信网络已经完全断开。在“移动互联”的时代，我们最经常使用的通信媒介是微信。从空间的维度，或者称为地理位置的维度。在桌面互联的时代，地理位置的维度一般通过表示为一段词语的描述。例如，我们需要走到某个地方，先是在“到达”上输入一个地址，查找旅程路线，之后把路线记录下来，照此顺序前往。在这个移动互联的互联网时代，地理位置都是随身而动，不管是跑步、驾驶私家车、还是搭乘各种公共交通工具，人到哪，所处地理位置就可以被实时记录下来。不仅如此，该移动设备还可以向客户提供很多有关地理位置的信息。例如，照片拍摄中的路线、停留拍照所处的位置和停留时间，拍摄环境当时的海拔、气候等等。所有这些都必须是在大数据的指导下进行的。所以当我们从地理的位置转换成了由信息数据进行记录的时候，就可能会导致我们出行、记录更加方便快捷。

第二节　网络与信息安全的重要性

一、保护国家的战略安全

当今社会的各个行业已经被现代计算机信息技术的网络所渗透，伴随着现代科学和技术的稳步发展，网络在我国社会进步、政治稳定和经济发展中起着举足轻重的作用，基于这一背景，网络的信息安全就显得尤为重要。它不仅直接关乎普通企业和个人信息安全，同时影响社会稳定与国家安全。信息安全是国家安全战略的重要的一个项目，而且，网络信息安全相比以前其实是一个非传统的安全领域，同时它也是最重要、最脆弱的一个信息中枢。在有效地保护着整个国家安全的同时，也会受到一些极为复杂的威胁。开放互联网络可以快速地传播信息，所以那些怀有不良企图的恶意攻击者正是因为看中了互联网络的开放性特点，制造了引发互联网不安和社会动荡的各种不良言论，对于整个社会的政治稳定产生了不良后果。

涉及国家安全的机密信息，也是恶意攻击者的一个重要攻击目标，各种窃取、窃听丑闻层出不穷，如何在开放的环境下，保护国家安全机密信息的完整性和信息的保密性，已经逐渐成为国家和政府相关部门和国防建设中的一个重点研究课题，当今的国际局势，恐怖分子的袭击手段已经不再仅仅局限于发动一场野蛮暴力的恐怖事件，而是越来越多地采用在互联网上进行破坏的模式，使用网络技术手段进行攻击。做好网络信息安全的保障和防护，是维护国家安全、国家利益，构建和谐稳定社会的一门基础性课题，也是维护国家安全的一个重要保护壁垒。

二、影响我国的经济发展

我国网络购物规模不断增加，互联网已经越来越深入渗透到我国的经济领域，影响着我国的经济发展。网络给工作带来了便捷，与此同时，威胁网络信息安全的手段也越来越隐蔽，不法之徒为了获取高额利益，不惜出售、贩卖或盗取用户信息和企业机密数据等网络信息，这种行为不仅使用户、企业蒙受经济损失，也对我国的经济发展构成威胁。在这样的背景下，网络信息安全的意义和重要性充分地体现在了我国社会和经济的根本基础和可持续发展之上。

三、保障国家的军事安全

军事国防保障是维护国家长治久安的一个重要支持，所谓军事国防无小事，涉及的基本都是最高级别的机密。网络信息安全保卫战一直在悄无声息进行中，这场新型战争的局势直接影响着国家发展的大局。与烽烟四起的炮火战场不同，网络信息安全保卫战更加复杂、涵盖领域更加全面、面临局面更加多样。舆论煽动、机密信息情报窃取、恶意系统攻击等等，这些隐形的破坏通过互联网渠道在全球蔓延，危机席卷全球。

四、保护国家的文化信息安全

文化的发展是一个国家的内涵体现，是与时俱进的发展根本，直接影响着一个民族的延续和发展。在这个开放包容的互联网时代，民族文化信息等相关内容飞速传播，这种传播渠道虽然能够使本民族文化信息走向世界，让世界了解本民族，同时加深人们对于文化知识的深刻理解。同时也非常容易受到不法之徒的恶意攻击和篡改利用，并进行有目的的文化信息侵蚀和歪曲。如果不做好网络文化信息的安全保障，不仅会使本国的文化信息走向没落、受到质疑，还会影响本民族人民对国家的热爱和忠诚，后果是非常严重的。

第三节　网络信息安全的概念与目标

一、网络信息安全概述

（一）网络信息安全的概念

“信息”是一种资源，一种客观存在的资源，几乎涉及政治、经济、文化等等的所有领域，信息能够不断地给人类带来经济效益和社会效益，信息的传播与社会发展息息相关。安全是指将信息面临的脆弱性降到最低程度。网络信息安全即通过保护整个信息系统或其他信息网络环境中的所有信息资源不被侵害、抵御受到任何其他各种形式的威胁、扰动、更改、泄露和破坏，信息传播不中断，系统正常工作运行等，最终实现了对信息传播及其保存的安全性。

（二）网络信息安全的特质

网络信息安全包括两个层面：一是电脑设备所依托的硬件的安全，二是依托电脑内部所存储的用户信息数据的安全。网络信息安全是指采取科学有效手段对操作系统的软件、硬件进行有效保护，进而使网络信息不被偶然因素和恶意手段所窃取，确保网络信息安全有序进行。

因此，网络和现代信息安全技术研究仍然是一个由传统网络和现代信息技术相结合而形成的一门交叉研究科学，涉及面广，涵盖计算机安全科学、网络安全技术、通信安全技术、密码安全技术、信息安全管理技术、应用网络数学理论、信息安全理论等多种相关学科，是一门新型综合性研究学科。它的主要功能就是保证系统的重要硬件、软件和操作系统内部的整个数据系统免于遭受任何损害、更改或泄露，系统连续可靠正常地运行，网络服务不中断。

1. 安全可靠性

网络信息安全的可靠性是指网络信息系统可以在一定条件下完成要求的功能，这个特性叫作可靠性。可靠性是确保网络信息系统安全的基本要求。它既是网络信息系统的建设目标，也是网络信息系统的运行目标。系统或其软件产品必须遵循相关的信息安全性标准、约定或规章法律以及类似的规定。我们强调信息系统的安全性主要是强调信息系统边界的防护，构筑信息安全的外部防护“堤坝”，从而隔绝非法请求获取信息资源。

2. 保密性

网络信息安全的保密性是指信息不会被不泄露给非授权用户、实体，或供其利用的特性，也可以称为安全机密性，可以由身份识别、脸部识别、访问和控制、信息加密和安全通信协议等多种技术来实现，其所强调的关键词是信息只能被授权给一个具体特定授权对象使用，非授权对象无权使用。保密性是在可靠安全性和可用性的基础之上，确保网络信息安全的重要方法。保密技术当前可以划分物理保密、防窃听、防辐射和信息加密几大类。

①物理保密。将网络信息利用各种物理网络技术加密的方法，如限制、隔离、掩蔽、控制等措施，保护信息不被泄露。

②防窃听。使对手侦测不到有用的网络信息。

③防辐射。防止有用信息以各种途径辐射出去。

④信息加密。是指在密钥的控制下，用加密算法对信息进行加密处理。即

使对手得到了加密后的信息也会因为没有密钥而无法读懂有效信息。

3. 可使用性

网络信息安全的可使用性是指信息能够被授权访问，而且依照需求被使用的特性。也就是能否存取所需的信息的一种功能性特质。信息资源在需要时就能够被调职使用，不因系统故障或误操作等导致信息资源丢失、妨碍对信息资源的使用，是已经得到授权的实体按照需要访问的功能特性。网络信息安全的可使用性是网络信息系统面向使用者的安全性能。

利用网络信息的完整和保密服务来预防和阻止网络信息资源的可使用性遭受到攻击。因此，协助支持网络信息的可使用性安全服务的机制就通过访问控制、完整性和保密性服务建立起来。很多在网络攻击的基础上进行的破坏、降级或摧毁网络信息资源，就必须通过对这些资源的安全防护的加强来进行严控，使网络信息资源避免受到攻击。目前，有很多方法被应用到实践中。

4. 完整性

这是指信息在交换、传输、存储和最后处理的过程中，保持信息不被修改或破坏、不丢失和信息未经授权不能改变的特性，保护信息及处理方法的准确性，也是最基本的安全特征。网络信息安全的初始完整性就是说，网络信息在存储或传输过程中保持不能被修改、不会被破坏或者丢失的功能。确保网络信息的初始完整性的手段有数字签名、纠错编码方法、密码核验和协议、公证等。

数据检测和监控两种技术方法一直被公认是针对网络信息安全的完整性的最有效的保护手段。数据的完整性检测也被称为完整性度量，这一检测方法是通过提取网络系统中相关完整性的对象的度量特征值，进而验证数据的初始完整性是否已经遭受破坏；完整性监控则是利用监控系统软件，查找网络系统运行过程中是否存在破坏数据的完整性的所有行为，并同时可以实时地采取对应方策进而保护数据的完整性。数据的完整性检测过程相当复杂，在实施过程中也极易遇到各种问题，有时对网络终端的性能也会造成极大的影响，所以，一般在实践中更多地采用静态或周期性检测的方法。

5. 可控性

可控性是指对于一个网络系统和其信息在传递的范围及其所处的存放空间内具有可控制性，被授权的实体一旦需要就能够进行访问并使用，是对于网络系统和其信息传递的控制功能实际意义。网络信息安全的可控性还指对信息在网络信息系统中的传播及内容具有控制能力。网络安全控制的基本目标是为了保障信息网络系统中信息的机密性、完整性和可用性。为了有效控制系统，控制过程最好具有反馈回路。学者们提出了在安全策略推导下的保护、检测、响应和恢复的安全保障模型，反映了保护、检测、响应和恢复构成的反馈回路对保障信息安全的重要性。为了实现行为安全可控，必须保证行为的主体及客体均是可鉴别的；行为的特征是可识别的（即能区别出正常或异常的行为）；所有的操作行为过程均是有记录的；行为的作用范围（即行为造成的影响）是有限制的。只有这样，才具备可检测、可审计、可跟踪、可控制的基础。

6. 不可否认性

网络信息安全的不可否认性是指，在网络环境下，数据信息的传输和交互过程中，确认使用者、参与者的真实、唯一和同一性，被称作不可否认性，也就是说，任何使用者、参与者都不能否认或抵赖对网络信息曾经完成的操作和承诺。

在互联网整体环境下，利用递交信息源证据可以直接预防和阻止发信方不真实的主动提出否认已发送信息，利用已经通过递交的接受证据可以防止接收人在首次接收递交证据后主动否认接受信息。

通过对网络信息安全的特质的分析可以看到，网络安全在不同的应用环境下会归纳出不同的解释。针对网络中的任何一个运行处理系统来讲，网络信息数据的安全范围都被归纳为网络信息数据的处理和传输的安全。它主要包括硬件操作系统的可靠、安全的运行，操作系统和应用软件的安全，数据库系统的安全，电磁波、信息数据泄露的安全防护等。网络传输的安全与网络传输的信息数据内容有密切的关系。信息内容的安全即网络信息安全，包括网络信息内容的保密性、真实性和完整性。从更加宏观的安全角度来说，网络信息安全保护包含了整个网络信息系统的所有硬件、软件及其系统文件中的所有信息是否受到安全保护。它主要包括系统连续、可靠、正常稳定地运行，网络服务不会被中断，系统中的数据信息不会因为偶然的或恶意的网络行为遭到破坏、更改或泄露。其中的数据信息安全需求，也就是人们利用通信网络来进行数据信息安全查询、网络管理服务申请时，确保网络服务对象的信息不会被监听、窃取和篡改等网络威胁，满足人们使用网络最基本的信息安全需求（如保密性、可使用性等）。

网络安全侧重于网络信息的传输安全，数据信息安全则更为侧重于数据信息自身的安全可靠，这与需要安全保护的目标有关。由于信息网络安全是人类信息力量传递的重要载体，凡是放在网上的重要信息必然与网络安全息息相关。

7. 信息的有效性

是指某种信息资源可被授权实体按要求访问、正常使用或在非正常情况下能恢复使用的特性。在保证系统正确地运行时，正确地存取必要的信息，当系统遇到意外攻击或者是破坏，就可以迅速地恢复。它是衡量网络信息系统面向用户的一种安全性能，以保障为用户提供服务。有效性适用于用户、过程、系统和信息之类的实体。

（三）网络信息安全的类型

1. 系统安全

网络信息安全根据不同的环境和应用分为不同的类型。运行系统安全是指保证数据信息处理和传输系统的安全。它着重在于保证网络系统正常运行，规避因网络系统的崩溃和损坏而对系统数据信息存储、处理和传输造成的损失。避免因为电磁泄露，造成数据信息泄露，被别人干扰或干扰别人。

2. 网络信息安全

根据使用环境和针对目标不同，网络信息安全防护体系涵盖的内容宽泛程度也是不尽相同。防火墙、VPN（虚拟专用网络）、IDS（入侵检测系统）、IPS（入侵防御系统）和统一威胁管理等也越来越被应用到网络信息安全防护当中。防火墙依照网络信息安全策略对网络之间的数据信息流进行限制，在两个（或多个）网络间中实施网络之间访问控制。虚拟专用网络（VPN），是一种访问连接方式，它有效地提供公用网络安全地对企业内部专用网络进行远程访问。入侵检测系统可以实时监视网络或计算机系统中关键点的运行，查找其中违反网络信息安全策略的行为和被攻击的迹象，检测和报警有可能异常的入侵行为的数据告知使用者，并提供相应的解决、处理方法。被经常使用到的还有能够防御深层入侵威胁的在线部署入侵防御系统安全系统，对被明确判断为攻击的行为，造成网络数据信息危害的恶意行为进行检测和防御。

3. 网络信息传播安全

面向网络数据信息传播的安全，网络终端安全防护大致涵盖了终端主机安全审计、桌面安全监测、漏洞检测与补丁分发、行为监测、终端防病毒、敏感信息内容过滤、终端资产管理、终端接入及外联网络管理、移动存储设备管理、终端点对点控制、终端流量监测等多方面的安全要素。此外身份认证也作为网络信息传播安全的一种途径，身份认证包括实现数字签名、身份验证和数字证明等技术的软硬件产品。

4. 信息内容安全

现阶段主要通过运用数据信息加密、网络安全管理平台、数据安全产品以及专业安全服务来实现这一安全性。数据信息加密是保证数据信息传输过程中安全可靠的链路加密、节点加密及端到端加密等软硬件。网络安全管理平台是以统一平台的方式将系统的安全设备、网络设备、主机设备等进行统一监控、配置和管理，帮助用户建立起信息系统的纵深防御体系。数据安全产品是在保护数据信息系统中重要的数据信息资源不被窃取、篡改的信息安全产品，具体包括数据库安全、数据防泄露等。由于网络信息安全的专业性，很多网络安全工作者还将研究目标侧重偏向网络安全的服务体系，研究分析提供包括安全规划、安全咨询、安全评估、安全托管等专业安全服务体系。

二、网络信息安全的目标

（一）网络信息安全面临的威胁

1. 人为过失

无意的人为过失。漏洞主要是由于操作员的安全性配置不合理所导致，使得操作员的安全防护意识薄弱，密码密令疏于保护和管理，或者操作员把账号随便转借他人共享，这些操作员的疏忽，都很有可能会直接造成网络数据的泄露，产生不安全威胁。

有意的恶意袭击。是目前所面临的比较大的一种威胁和破坏，这类目标明确的恶意袭击又分两种，即主动袭击和被动袭击。主动袭击就是目标明确的破坏网络信息的完整和有效性；蓄意进行信息的盗取、截获、破译，已达到获取攻击者想要得到的重要信息的目的。这两种共计都对网络信息安全造成重大的威胁，导致网络信息不安全。随着网络的不断发展，网络攻击从特殊用户逐步发展到现在的普通用户，各种窃密、盗号情况不断发生。

2. 程序 bug

网络程序是相对严谨科学的，但凡事没有绝对，网络程序亦然，世界上没有百分之百零缺陷、零漏洞的程序。这些 bug 就成为网络攻击者的主要渠道攻击对象，木马僵尸、网络病毒、垃圾邮件、链接陷阱等攻击现象持续攀升，规模不断增大，这些漏洞在一定时期内很难消除。

归纳、总结网络信息安全面临的威胁，操作系统的脆弱性是不可回避的。由于操作系统极其复杂庞大，设计再如何完美也不可避免存在缺陷，网络协议开放性的特性和其自身存在的固有缺陷，在网络协议设计的阶段，对于安全性的需求考虑不够，导致先天存在漏洞。各种应用软件和系统的大量使用，在丰富网络环境的同时，也引入了大量的漏洞。应用软件和网络信息技术的飞速发展，为恶意攻击者提供了平台和机遇，网络恶意攻击的大量出现，攻击手段自动化程度不断提高和升级，攻击的技术成本不断降低。目前眼花缭乱的各种网络信息安全问题，使传统落后的安全防护措施渐渐不能满足不断变化的网络信息安全管理的需求。

（二）网络信息安全的目标

1. 技术目标

网络信息安全的技术目标就是有效地阻止破坏网络信息安全的一切攻击。主要有以下几方面。

（1）防窃听

这是网络信息安全保密的重要组成部分，主要针对获取情报、秘密信息的窃听方式。防窃听技术、设备与手段随着窃听技术改进而相应发展。防窃听的重要手段就是信息加密。防范措施主要是防有线窃听、防无线窃听和防激光窃听等。随着窃听技术的复杂化、多样化和高技术化，防窃听的技术、设备与手段将不断提高和改进。发展防窃听技术，提高防窃听能力，完善保密法规和制度，是保障网络信息安全的重要任务之一。

（2）防信息伪造

信息伪造即编造，捏造信息，已到达以假乱真的目的，利用虚假的信息来达到迷惑的作用，进而危害网络信息安全。作为维护数据信息安全，防止信息被伪造的重要方法之一就是数字签名，它可以解决冒充、抵赖、伪造和篡改等问题。就实质而言，数字签名是接收方能够向第三方证明接收到的消息及发送源的真实性而采取的一种安全手段，它的使用可以保证发送方不能否认和伪造信息。简而言之，数字签名其实也就是对客户的私有密钥入口进行加密，接收客户的私有密钥入口进行密码解释过程。公钥是客户的身份标志，当客户签名用私钥时，如果验证方或接收方用客户的公钥进行验证并通过，那么可以确定，签名人就是拥有私钥的那个客户，因为私钥只有签名人知道。

（3）防信息丢失或破坏

这是预防信息丢失或破坏及要保护网络信息的完整性。首先，存储信息数据的介质需要定期检查其物理安全性，使用介质时要做到尽可能多地减少错误操作、软件失真、硬件故障、断电、强烈的电磁场的产生等突发事件中的产生，要具备识别和输出的错误数据信息等潜在性和错误的系统化校验及审核的信息的能力。其次，数字签名是防止信息丢失或破坏重要手段。

（4）抵御攻击

就目前发展的技术手段，人们无法彻底根除网络攻击。虽然如此，仍然能够通过不断地提高服务器的防御能力，来保障网络信息安全。不论是什么样严谨的操作系统都有漏洞bug，及时地进行更新和自动对操作系统进行更新升级，打上安全补丁，避免潜在漏洞被蓄意攻击利用，保护自身利益，是目前保证网络服务器安全的最重要的一种安全保障解决方法之一。

防火墙安全保障技术是建立在现代通信网络信息技术的基础上的一种抵御攻击，它可以保护与互联网相连通的各个使用客户内部网络或单独节点，具有透明度高、简单实用的特点，可以在不更改原有网络操作系统的情况下，达到一定的安全防护。其具有检测、阻止加密信息流通和允许加密信息流通两种管理机制，并且本身具有较强的抗攻击能力。防火墙现在更多地应用于专业网络和公用网络的互联环境中。形象地说，防火墙其实就是集分离器、限制器和分析器于一体，防火墙一方面通过检查、分析、过滤从内部网流出的IP包，尽可能地对外部网络屏蔽被保护网络或节点的信息、结构，另一方面对内屏蔽外部某些危险地址，实现了对内部网络中的IP数据保护。防火墙的应用很大程度地保障了网络环境的正常，起着提高网络信息安全性、强化网络信息安全策略、网络防病毒、预防网络信息泄露、保障信息加密、信息储存和授权认证等重要作用，基本能够做到日常的基础维护。

常用到的还有杀毒软件。最早为人们熟悉的诸如瑞星杀毒、卡巴斯基、金山毒霸等杀毒软件，为服务器提供了不少安全保障。其实很多著名的网络安全公司，除了能够提供防火墙功能之外，还提供的一个服务就是杀毒。在网络服务器上安装正版的杀毒防护软件，并且及时杀毒软件进行升级，开启自己电脑的网络动态病毒更新以及病毒库应用程序等方式来有效控制计算机网络病毒的扩散传播，对于有效保护电脑的网络信息安全和网络稳定是非常必要的。

此外，还应及时关闭不使用的端口服务。在安装一些服务器系统和程序时，通常会弹出另外一些不需要的额外服务，这些额外的服务不仅会占用系统资源，更会增加服务器系统的安全隐患，甚至会掉入不安全的陷阱，致使网络信息受到威胁。所以在安装程序时，最好不打开这些额外服务；同时，一段时间内几乎不使用的服务器端口服务也可以删除，这样做就能防止攻击者通过这些渠道进行攻击，能提升服务器的防御值。为防止猝不及防的服务器宕机或用户操作失误所导致的无法使用，系统还要必须进行定期备份，网络备份的最终目的是保障网络系统的安全正常运行。

随着云技术的发展，除了对服务器进行定期的备份外，云计算技术备份系统还设置了镜像记录，实时记录服务器的信息数据。同时定期将重要的系统文件信息数据存放在多个不同的服务器上，以防止服务器高防御故障时（尤其是硬盘出错）丢失信息数据，并能及时进行系统修复，迅速恢复系统的正常运行。

入侵检测系统（IDS）也是构架安全信息系统的一个重要环节。具体地说就是通过安全监测（监控）手段，及时发现网络环境中存在的安全漏洞或潜在的恶意攻击。安全监测工具可以为网络环境的安全提供对网络和系统恶意攻击的敏感性，进而实现实时的动态的安全机制。它是安全防护的最后一道坚强防线，可以适用检测各种形式的入侵行为，是网络信息安全防御的体系的重要堡垒。

病毒具有破坏性、繁殖性、潜伏性、传染性、隐蔽性、非授权可触发性，对网络信息安全危害极大。它不是自热形成的，是人为制造的，是攻击者利用计算机硬件和软件所固有的漏洞而编制的一组程序代码或计算机语言。电脑病毒的安全防范整治工作就是要努力做到层层严密设防、集中控制，以防病毒为主，防范与杀毒相结合。首先，要健康、绿色使用网络进行浏览。避免浏览可疑网站，如博彩、聊天视频或色情网站，不建议通过网络收藏夹来登录网站，这些危险操作有可能会使后台自动下载木马或危险程序，有使电脑中毒或受木马程序侵害的潜在危险，一旦中招，网络信息安全将不能得到保障。其次，应使用正版软件及时进行升级并更新补丁。使用正版软件能有效减少电脑病毒入侵的概率，盗版软件除了会带来版权的归属纠纷，还会因为软件的破解，造成漏洞，在使用的过程中更容易遭受电脑病毒的攻击。正版软件的补丁基本都是在软件运行中发现的漏洞，程序员会针对这些被人攻击或发生问题后推出一系列的补救程序，因此发现软件有补丁一定要及时进行更新，保证软件的使用安全。还要正确使用杀毒软件。杀毒软件能实时发现、防御和查杀电脑病毒，是防止病毒恶意入侵电脑，威胁网络信息安全的保护屏障。一定要注意定期上网对杀毒软件、防火墙和病毒库进行升级。

防止非授权访问一般来说有两方面。一是网络访问控制。网络访问控制技术是对我国网络基础信息安全问题进行技术保护与安全防范的一种重要技术战略，其主要功能是保证网络信息不被非正常访问和非法使用，也是维护网络信息安全的重要手段。其中的网络访问控制安全技术主要由网络的访问权限安全控制、网络访问控制、属性网络安全控制、网络的数据录入分层和管理级别网络安全控制、网络的自动监视与网络锁定安全控制、网络的主终端和服务节点、网络的主和服务器网络安全控制与网络安全控制等十几个核心模块系统组成。二是防止用户假冒。启动用户认证以防止用户假冒，造成网络信息泄露。2018年，Face book 开始面向全球用户推出人脸识别功能，该功能在一定程度上有效防止用户身份被他假冒。随着科技的不断进步，活性检测功能越来越多地被应用到防用户假冒的技术手段中，用户只需自主上传身份证明图片，并通过移动设备进行人脸视频采集，在采集期间用户根据指令配合完成一系列面部动作进而完成活体检测。后台系统再将视频采集到的人脸与用户证件信息进行对比，以达到认证用户身份、防止用户假冒的目标。

2. 治理目标

为了管理和防护好网络安全系统，整治好网络安全环境，要真真正切实做好网络安全的环境防护，保障我国的网络信息安全，应该切实做好网络技术与环境治理之间的互补结合。

（1）加快网络信息安全的立法进度

在我国的现行法律法规中，与网络信息安全相关的有近二十部，虽然有法可依，但是仍存在多重交叉、管理空白的问题。同时法律法规其实是带有某种程度的滞后性，它不能涵盖所有已经或将要出现的问题，因为网络复杂性和多样性的缘故，对于具体到某种网络信息安全事件适用于哪种法律法规还是很难界定的，因此，加快具体化、细节化、清晰的网络信息安全法律法规的建立，就显得尤为重要和迫在眉睫了。

（2）加强对网络信息安全的监督管理机制

有效的网络信息安全监管不仅在技术上有所飞跃，还需要政府的管理和相应法律法规的制定。网络信息安全监管分为两个部分，即主体和客体。主体主要包括使用网络信息的主体、对网络信息占据的主体以及对网络信息进行处分的主体等；客体主要包括在网络环境中主体所涉及的商业、个人和国家获取信息等的行为。

（3）非正式监管

网络信息安全主要监管方式是行政手段，同时也存在很多的非正式监管方式。行政手段在对网络信息安全的监管领域，能够很大程度解决当前网络信息安全中所面临的矛盾和问题，但是弊端也是明显的，最大的弊端就是多部监管造成部门与部门之间的互相推诿或多头执法，这就造成了执法力量分散的局面，间接地也影响到行政部门的公信力。

第四节 网络信息安全体系结构框架

一、网络信息安全模型

（一）PPDRR 安全模型

PPDRR 安全模型即安全策略、防护技术、攻击检测、袭击响应和灾难恢复，该安全模型来源于美国国际互联网安全系统公司，是一种动态的、典型的、适应调整后的安全性模型。

网络信息安全的首要步骤就是防护。即使是采取了多种严格的安全信息防护措施，也不一定意味着互联网的信息安全就能够得到百分百的绝对保障，那么就需要我们采取一种科学、有效的措施和手段对互联网络进行实时分析和检测，使安全信息防护由单纯的被动性安全防护，演变成为积极有效的主动性安全防御；攻击性响应是指在遭受恶性攻击和突发紧急安全事件的情况下，迅速地采取一种有效的防御措施。

安全策略包括利用漏洞进行扫描和脆弱性数据分析的技术，基于未知的潜在风险进行量化的技术，拓扑结构的发现技术，黑洞的发现、基于应用协议的网络拓扑结构发现的技术。

（二）ISO 安全体系结构

ISO 7498-2 信息安全体系结构关注的是静态的防护技术，针对的是基于国际标准化组织参考模型的网络信息通信系统，其中的安全服务也只是解决网络信息通信安全的技术手段，诸如物理安全、系统安全、人员安全等其他安全领域均没有涉及，所以无法满足更复杂、更全面的信息保障。

二、网络信息安全框架

（一）物理层安全

①物理设施的安全。可靠的物理设施、安全的网络通信线路、控制辐射和防信息泄露技术。

②机房的安全。保证了机房外部和场地的安全、机房内部的安全。

③互联网通信电缆线路的安全。互联网通信电缆线路及互联网基础设施的安全性测试及其优化；互联网加密保护；信息通讯加密软件应用中的加密技术；检测安全渠道；检测网络应用协议运行的漏洞和网络中产生的漏洞。

（二）系统层安全

这是指操作系统的一些缺陷所带来的不安全性影响因素，比如操作系统的用户身份验证、操作系统的用户访问限制、系统中的漏洞等。

（三）网络层安全

这指的是避免网络受到攻击的一种安全防御技术。网络层安全包括对于网络的用户身份信息识别、网络信息资源访问限制、信息资料传递的保密和完整性、遥感器远程链接的安全性、域名系统的安全性、路由系统的安全性互联网硬件病毒预警措施。

（四）应用层安全

这是指保护应用软件、信息数据的安全。包括电邮系统、Web 服务、DNS、应用软件的bug分析、应用资源的访问限制验证、应用使用用户的身份鉴别检测、应用软件的备份及恢复能力；应用数据的唯一性和保密性、应用系统的可靠性和可用性。

（五）保护管理层的安全

包括人员的管理制度、培训管理、应用的系统管理等安全机制，通过制度、装置和设备的管理措施，形成了安全战略体系。

三、网络信息安全的整体性

权衡网络信息安全的模型、框架和系统的整体，来考量网络安全体系主要构成要素的关键安全风险点。信息安全管理体系主要包括内容涵盖了相关法律的法规保护和安全保障、技术手段适应和整个信息安全系统本身可能存在的安全管理问题，以及相关信息、数据的安全。信息安全也可说是一种有赖于物理和分析逻辑的一种网络技术管理措施，网络技术信息安全的管理体系就是从传统网络技术中的物理层安全、系统层安全、网络管理中信息应用层的安全和网络管理层安全等各个功能层面的安全来进行一种综合的分析和管理。

第二章　网络信息安全现状与发展趋势

互联网的应用已经广泛地深入全球社会活动中。互联网的崛起是一柄双刃剑，它极大地为人们的工作和生活提供了便利，同时互联网信息安全问题也愈发凸显。本章分为影响网络信息安全的因素、网络信息安全的现状分析、网络信息安全问题产生的原因和网络信息安全的发展趋势分析四个部分。主要包括网络结构、网络硬件软件、人为因素、自然环境因素等对网络信息安全的影响，国内、国际上网络信息安全的现状分析，网络信息安全事件产生的原因和国内、国际网络信息安全的发展趋势分析等内容。

第一节　影响网络信息安全的因素

一、网络结构因素

星型、总线型和环型是网络基本拓扑结构的三种类型。一个单位要在进行自己的内部网络组建的过程之前，单位独立的各个工作科室很有可能已经进行着各自的局域网使用。这些局域网之间所使用的网络拓扑结构不尽相同，但是为了实现单位整体内部网络的构建，使异构网络空间信息能够传输，就是必要牺牲相当部分的网络信息安全的性能，从而实现网络开放的更高要求。但是，对于国家关键性的重要的系统和资产一旦丧失工作能力或被摧毁，将对国家安全、经济安全、国民公共健康或安全，或这些事项的任一组合产生不良的后果，甚至是致命的影响。

国家关键信息基础设施涵盖由各类型数据进行处理、储存和通信的软硬件组成的电子信息和通信系统以及这些系统中的信息，包括计算机信息系统、控制系统和网络，一旦遭到攻击将对经济和社会造成不可逆转的消极影响，国民安全也将受到巨大威胁，包括金融、核能和化学工业、能源设施、交通运输和通信系统等。这一类网络设备、信息系统在发生故障、损毁之后将极其困难找到替代品，也就是说很难使用其他网络设备、信息系统进行更换，这类关键性的信息基础设施是具有不可替代性；国家关键性的网络设备、信息系统中存储着海量的具有私密性的个人信息、机密的国家重要数据，一旦遭受窃取或者破坏，影响面极广，损害结果不可想象。

二、网络软件系统因素

网络软件系统通常包括系统软件、应用软件和数据库部分。所谓软件就是用计算机程序设计语言书写编制的计算机处理程序，这种程序可能会被篡改或盗窃，一旦软件中的程序被修改或破坏，就会损害网络的系统功能，以至整个系统瘫痪。而数据库存有大量的各种数据，有的数据信息资料具有非常高的价值，遭破坏后的损失是难以弥补的。

在建造内部网时，用户为了节省开支，必然会保护原有的网络基础设施。另外，网络公司为生存的需要，对网络协议的兼容性要求越来越高，使众多厂商的协议能互联、兼容和相互通信。这在给用户和厂商带来利益的同时，也带来了安全隐患。如在一种协议下传送的有害程序能很快传遍整个网络。随着互联网的发展，协议软件攻击事件越来越多，协议软件安全面临的形势异常严峻。一般为黑客利用协议软件漏洞实施的远程攻击，危害十分严重。例如，2014 年 4 月的 Heart bleed 漏洞，全球三分之二的网站受到该漏洞的影响。2014 年 10 月的 POODLE 漏洞，影响大多数 SSL 服务器和客户端。2016 年 DROWN 漏洞，仅在 HTTPS 协议方面，全球范围内三分之一的 HTTPS 服务器受到波及，具体的量级在 1100 万左右。

网络信息系统不安全受很多方面的因素制约，有计算机网络信息系统自身的、自然的，也有人为的。能够导致计算机网络信息系统不安全的因素包括网络软件系统、硬件信息操作系统、自然和使用环境因素和人为因素等几方面。

三、硬件信息操作系统因素

在计算机应用领域里，一般把不包括软件在内的其他所有电子设施配件或者设备统称为硬件。而在网络环境中，网络攻击最容易破坏或盗窃的就是硬件设备，因为，硬件设备和硬件信息操作系统的安全存取控制功能相对来说当前还是处于非常薄弱的阶段。通过网络通信线路，网络信息数据在主机间或主机与终端及网络之间传输，在传输过程中就极有可能遭受到窃取或者丢失。

四、数据输入输出的干扰因素

数据输入影响系统安全是指，数据信息通过输入网络硬件设备输入网络系统进行处理过程中，数据信息容易被篡改或输入假数据。

数据输出影响系统安全是指，经处理的数据信息转换为常规网络使用环境下的书写方式后，并通过各种输出设备输出，在此过程中数据信息遭到泄露或窃取。

五、地域因素

通常来说，为了区分公共网络，人们把用于特定事项的专用网络叫作内部网络。内部网络既可以是LAN也可能是WAN，随着互联网科技的进步发展，内部网络可以实现城际之间，甚至国际的数据信息传送和共享。不过，在实际应该用中，由于广袤的地理结构的限制，网络间的通信线路质量难以保证，这就会造成数据信息在传输过程中的损坏和丢失，同时很大程度上给“黑客”造成窃取数据信息资源的可乘之机。通过多方主体之间不同方向的信息流动是信息共享的首要目的，从而实现全方位对关键信息基础设施运行的实时安全保护。为了增强互联网络空间的数据信息资源共享的安全可控性，数据库的安全管理和各种硬件设备的安全控制，以及软件安全技术都在不同程度的研发应用中。

六、主机因素

由于构建一个单位的局域网络或内部网络的时候，实现各个局域网或者单机之间的连接，当前在领域内出现了工作站、服务器、小型机、大中型机多种类型的主机。这些使用系统和网络系统各不相同的主机之间，一旦因为某一个操作系统出现安全漏洞，比方说存在着没有口令的账户，就会对整个网络系统带来极大的安全威胁。

七、用户因素

企业建造自己的内部网是为了加快信息交流，更好地适应市场需求。建立之后，用户的范围必将从企业员工扩大到客户和想了解企业情况的人。用户的增加，也给网络的安全性带来了威胁，因为这里可能就有商业间谍或“黑客”。

由于黑客的入侵或侵扰，如非法访问、拒绝服务计算机病毒、非法连接等，都会对网络信息安全造成威胁（主要包括渗入威胁和植入威胁，其中渗入威胁主要有假冒、旁路控制、授权侵犯；植入威胁主要有特洛伊木马）。

八、单位安全政策

每个用户本身都应该对网络信息安全加以重视，还应该从网络安全管理角度入手，建立健全的单位内部的网络安全管理制度。此外，用户还应该对维护网络安全的管理人员或是使用网络的相关工作人员进行定期的网络安全意识教育和系统的网络信息安全培训。

网络信息安全的管理已经逐渐引起各国的高度重视，包括网络硬件设备的安全性研究、网络信息安全技术研究等。为了有效控制预防网络数据信息免于遭受破坏、窃取或是篡改，很多国家建立起来了相关的安全信息评估标准和体系。

信息安全评估在我国虽然起步较晚，但是也已经得到了国家的高度重视，并且目前我国已经建立了一系列的安全评估体系和技术标准。越来越多的企业也同时关注到网络信息安全的评估和技术管理。信息安全评估内容如图 2-1 所示。

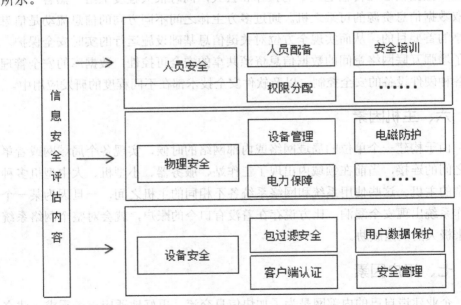

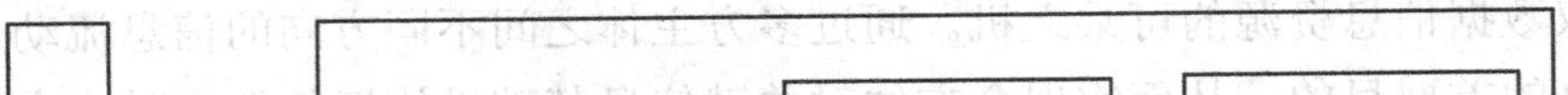

图 2-1　信息安全评估内容

九、人为因素

人的因素是安全问题的薄弱环节。随着计算机网络在工作、生活中越来越广泛地应用，政府机关，企事业单位等各行各业的工作人员都不都程度地依靠计算机网络开展各项工作。那么对于一个单位的工作人员的网络信息安全管理的培训就显得非常重要，但是目前行业市场中关于计算机网络信息安全的管理培训并不被重视，处于网络信息安全管理的底层。所以，使用计算机网络的人员安全管理水平低，人员技术素质差，操作失误或错误的问题比较普遍，此外，人为因素中还包括违法犯罪行为。

因此，要对用户进行必要的安全教育，选择有较高职业道德修养的人做网络管理员，制订出具体措施，提高安全意识。随着网络技术的普及与深入推进而不断地发展，网络意识形态相关理论由美国最早提出来。互联网自 1969 年开创以来直至现在，涌现出一大批研究著作。在这些著作中，学者认为互联网是一种信息技术层面的意识形态，会使一个社会的政治、经济和文化受到一定的冲击。在虚拟的互联网空间，同样需要社会契约来约束网络活动，要以一种新的形式、新规则来应对网络时代出现的新特征、新问题。还有针对互联网发展过程中产生的各种社会问题，网络意识形态随着生产力、生产关系的变化而发展，应时代需求，网络意识形态已逐渐成为国内外专家学者研究和探讨的热点话题。

网络意识形态安全是指国家主流意识形态能够在网络思潮中不被外部因素威胁或消解，起到引导网络舆论走向，引领社会价值取向，保持制度稳定的状态。一方面要确保意识形态传播主体的行为在网络空间要符合我国主流意识形态观念知识体系；另一方面要确保接受意识形态的客体不受非主流意识形态的干扰，有明确的辨别力和坚定的信念。不断提升核心价值观在互联网虚拟空间的吸引力，确保主流意识形态影响力历久弥新，生命力长盛不衰。习近平总书记高度重视网络意识形态安全。他强调网络安全是国家安全的重要组成部分，网络和信息安全牵涉到国家安全和社会稳定，关系着政权的生死存亡，是我们面临的新的综合性挑战。因此，我们必须高度重视网络意识形态安全工作，谨防网络成为意识形态斗争的突破口，成为意识形态安全的最大变量，莫让网络安全成为人民日益增长对美好生活需要追求的拦路虎。

十、其他因素

其他因素如自然灾害等，也是影响网络安全的因素。自然和使用环境因素包含多种。如电磁波辐射，计算机设备本身就有电磁辐射问题，也怕外界电磁波的辐射和干扰，特别是自身辐射带有信息，容易被别人接收，造成信息泄露。还有辅助安全保障系统故障，例如，突然中断电、水、空调，影响系统运行。静电、灰尘、有害气体、自然灾害、强磁场和电磁脉冲等危害也极易损害系统设备，有的还会破坏数据，甚至毁掉整个系统和数据。这些因素是属于物理层面影响网络信息安全的因素，如果失去了基础层面的支持，再完美的信息网络都会成为空中楼阁。

第二节 网络信息安全的现状分析

一、国内网络信息安全现状分析

互联网经济是我国经济的重要组成部分，有着举足轻重的地位。网络经济作为实体经济的补充，它的规范与发展同样需要统一的思想来指导。十九大报告指出，数字中国是未来重大的发展战略，以云计算、大数据、移动互联为代表的网络数字技术应用不再局限于经济领域，而是广泛渗透进入公共服务、社会发展、人民生活的方方面面。据中国社会科学研究院公布《中国经济增长报告（2017—2018）》公布的数据，2017 年我国数字经济总量约为 27.2 万亿元，且 2016—2018 年已经连续三年增长速度排名世界第一。由此看出，以互联网为依托的数字经济发展趋势迅猛，潜力巨大，并已成为我国经济增长的核心动力。

互联网是 20 世纪最伟大的变革，它引领人们走向新的纪元，它不仅给社会生活带来巨大的变化和影响，也给意识形态的传播交流带来新的挑战与机遇。各种代表着不同阶级、阶层和群体利益的意识形态在网络平台上肆意徜徉，其丰富多样、复杂多变的内在结构和传播形式是传统意识形态所未有的，所带来的影响力和传播力度也是空前巨大的。在数字经济推动经济发展的同时，我们也必须要警惕背后的安全问题。这就需要从思想认识上着手，充分发挥网络意识形态对数字经济发展的指导作用，统一经济主体思想，规范经济活动行为，建立公平合理的网络经济制度，维护数字经济发展秩序，促进线上线下经济融合，助推互联网经济安全有序发展。网络意识形态具有符号化、自由化、平民化和全球化的特征。当下，学术界从多重维度对网络意识形态安全的内涵提出不同看法，有学者从技术层面分析，认为网络意识形态安全应该由国家通过 IP 地址阻断、大数据跟踪分析监测等信息技术来构建话语权确保主流意识形态主导地位不受颠覆，从而获取保障网络信息安全的能力。

伴随网络建设的快速发展，尤其是互联网的广泛应用，使得大量的网络设备被投入使用。由于网络设备之前缺乏安全可视，使得在整个网络环境中，设备安全性一直处于短板位置，这无疑为黑客攻击提供了便利。由于网络设备负责数据信息资源的存取，同时实现着网络的通信交互传输，所以有必要对网络设备进行安全态势分析，这样可以有效地发现网络异常，为网络管理人员提供报警和决策依据，从而可以及时采取防御措施，避免安全事件发生。网络设备是支撑整个网络正常运行的核心部分，其安全性保障决定着整个网络系统的安全。信息化技术的不断发展使得网络建设速度逐年加快。路由器、交换机、集线器等网络设备作为网络建设的基础设备正在被大量投入使用。近几年发生的网络安全事件大都是黑客通过恶意软件控制大量的路由器等设备发起攻击的。这些安全事件的发生暴露了大量网络设备相关安全问题。

（一）设备自身缺陷

网络设备自身缺陷主要分为安全功能缺失和安全漏洞两个方面。网络设备本身缺乏相应的安全机制或者设计时存在缺陷导致安全功能缺失。有些安全设备厂商缺乏对安全方面的重视，导致设备的安全性能参差不齐。

安全漏洞是影响网络设备安全性的重要因素。由于市面上已有的网络设备种类繁多，同一种类型的设备生产的厂家也琳琅满目。这就导致同类设备会使用不同的操作系统软件和设计架构。而不同厂家由于存在软件设计、维护等差异，系统设计并不会处于完美状态。

另外，系统漏洞具有“动态性”特点，即使漏洞当时没有被查出，也会随着时间和技术的发展被逐步发现，这就导致网络设备本身就会存在安全隐患。网络设备漏洞很大一部分是由协议漏洞导致，攻击者可以利用漏洞进行远程控制从而获得读写权限。从类型上看，漏洞又可以分为拒绝服务、安全绕过、未授权访问、缓冲区溢出、权限提升漏洞等。近年来，网络设备出现后门漏洞、流量劫持等导致个人信息泄露事件屡次发生。

（二）网络攻击

网络设备在运行期间会受到许多不同类型的网络攻击，从而导致数据遭到泄露或停止服务。对于网络设备而言，攻击类型主要分为两类，一类是资源耗尽型，另一类是服务安全下降型。在资源耗尽型的攻击中，又分为 SSH 攻击、SXMP 攻击、ICMP 拒绝服务攻击、OSPF 拒绝服务攻击、BGP 拒绝服务攻击、MAC 地址表攻击和 RIP 攻击类型。在服务安全下降型攻击类型里，分为 DXS 劫持、HTTP 欺骗、DHCP 钓鱼、路由欺骗、信息窃取、IP 地址欺骗和 MAC 地址欺骗多种类型攻击。网络攻击目标正逐渐从操作系统、数据库等内容扩展到网络设备。网络设备逐渐成为攻防的战场。

（三）设备配置与物理环境问题

除了设备本身存在的缺陷外，设备使用和配置问题也是导致出现网络设备安全问题的主要因素。由于网络管理人员可能对网络结构考虑不周，在对设备进行配置时由于操作不当导致存在潜在的安全隐患。另外，对于普通用户而言，由于用户在配置网络设备时只关心功能和性能，缺乏对于安全方面的认识，物理环境因素也是影响网络设备安全性的一个重要因素，主要针对自然或人为因素导致设备损毁、辐射泄密等。网络设备作为网络运行的核心，其安全性是整个网络安全体系的前提。对网络设备进行安全性度量，可以有效地加强网络设备的安全性保障，保证网络处于良好的环境中运行。

在经济不断发展的今天，信息技术已经被得到了广泛的推广，如我们熟知的企业门户网站、企业金融业务网等等，它们在推动企业发展方面发挥了重要的作用。但是由于互联网技术的所具有的共享性、开放性等特点，为用户提供了广阔的自由性，这便对企业的安全系统提出了更高的要求。根据我国公安部的前几年的相关数据统计，企业的电脑使用单位中，有高达80%的企业没有建立网络安全系统。网络安全由信息安全和控制安全两部分组成。信息安全指信息的完整性、可用性、保密性和可靠性；控制安全则指身份认证、不可否认性、授权和访问控制。而目前我国的网络安全却受到了很多因素的影响，主要存在以下问题。

首先，计算机的病毒问题。据国家的相应数据统计显示，我国的计算机系统遭受病毒侵害的情况十分严重，并且目前发展仍异常活跃。如我们所耳闻的特洛伊木马、熊猫烧香、脚本病毒、蠕虫病毒等等，它们给我国的计算机信息的网络安全带来了极大的影响，严重威胁着我国企业的计算机信息安全。

其次，黑客的恶意攻击。一些不法黑客为了获取某些企业或者政府机构的隐私，通过不法手段侵害计算机系统来获取，可以通过获取口令、安防木马程序的欺骗技术、电子邮件攻击、网络监听等多种手段获取。

再者，网络信息基础设施发展较慢，网络安全存在诸多漏洞。面对当前的信息技术发展，我国在网络安全方面还存在很多的漏洞，网络安全技术发展较为缓慢。

因此，在这种网络信息化高度自由发展的社会环境背景中，企业越来越需要提升对自身的网络信息安全的防控认知，避免由于网络安全带给企业无法挽回的损失。

随着近年我国国家层面对网络信息安全的整体部署和各领域企业对网络信息安全认识度的提高，网络安全厂商对网络设备、应用技术、软件使用等方面开始大力研发，网络信息安全技术越来越日趋全面，已经涵盖了企业信息网络安全系统目前的发展存在的问题以及信息技术方面的优化策略等。但是大多从宏观层面上进行运作开展，在整体的网络信息安全层面的技术提升上，则针对性较弱，并没有注重企业自身存在的特殊问题，微观层面的研究还不充分。

二、国际网络信息安全的现状分析

相较国内，近年来国际上数据信息泄露事件高发，网络信息安全备受关注的数据泄露事件层出不穷。政府机构和组织屡受攻击，考生信息、公民医疗信息等民生数据泄露事件时有发生，AWS、德勤、网易、万豪、华住等大型商业企业数据泄露事件不断，给政府、企业与人民造成巨大的经济以及信誉损失。2019年2月，Win RAR的漏洞被网络罪犯和黑客广泛利用，影响了自2000年以来发行的所有Win RAR版本，超过5亿Win RAR用户面临风险。3月，美国思杰公司遭受严重的黑客攻击，大量政府机构和财富500强企业的文件被盗。9月，IT安全和云数据管理巨头RUBRIK数据库中近10GB的客户信息数据遭到泄露。9月，DEMANT集团的勒索软件事件造成了高达9500万美元的损失。这么多复杂的数据泄露事件说明，必须持续加强各类型组织的网络安全防护。

据相关调查显示，全球发生的信息系统安全事件日趋增加，信息系统安全事件发生的原因各种各样，企业对处理这些事件的成本也随之提高。在中国，2013年调查企业受到信息系统安全攻击所导致的损失高达180万美元。根据PONEMON机构对网络犯罪的调查，该机构抽取了60个企业作为调查对象，这些企业每年受到信息系统安全攻击所产生的损失从130万美元到5000万美元不等，平均下来每个企业近1000万美元。黑客如果对证券和银行等信息网络进行攻击，其损失不但非常巨大，甚至能严重危害到社会上的其他行业。

信息系统安全事件造成了多方面的损失：一是经济损失。二是企业的社会信誉受损，如果企业受到信息系统安全攻击，并遭受到损失，消费者会认为企业对其信息保管安全性低，投资者会认为企业对信息系统安全管理方面的不重视。这种不信任感会影响到企业的各个方面，最终损害企业的形象，顾客对其品牌的信赖，以及企业在资本市场的筹集资金的能力；三是企业竞争力减弱。像一些互联网企业、高技术行业，以技术产品作为核心产品的企业，一旦企业信息系统遭受到破坏，造成的损失很有可能会使企业崩溃。有一家著名企业研发了一款电子产品，这款电子产品数据遭到网络窃取，最后在发行时，市场上已经出现了模仿的产品，最终，该产品受到同类产品的冲击销量一蹶不振。

随着信息安全不断得到人们的关注，越来越多的人开始重视信息安全问题。面对纷繁复杂的网络，提高系统中网络的安全性，有效降低潜在的风险是一个艰难挑战。

目前，国内外对信息系统安全的研究主要有两个角度，一是从技术角度，研究如何防御很多可能的网络攻击，这种防御方式只是一种纯粹的技术形式，这些研究主要集中在防御工具，比如防火墙，入侵检测系统和加密方法。另一个则是从经济管理角度，即信息安全经济学的研究领域，注重信息系统安全投资策略和安全技术组合优化配置等问题的研究。该领域除了研究如何防止黑客进行网络攻击外，还研究黑客的攻击方式和学习能力、企业安全性要求、关联企业的影响等对信息系统安全投资策略的影响。

深入分析近些年国内外学者的研究成果，会发现信息系统安全投资领域还有许多问题有待深入研究。

一是信息系统安全投资的研究大都不考虑企业之间的相互影响，学者们往往都将企业当作独立的个体，以个体利益最大化作为目标。而现实中，企业与上下游企业之间存在着信息上的联系与共享，因此企业在考虑自身信息系统安全投资水平的同时，其他企业的信息系统安全水平对企业自身也存在一定的影响。所以企业在建立信息系统安全投资模型的同时，还需要考虑到与相关企业之间的关系，目前关于这方面的研究不多。

二是信息系统安全投资大多数的研究都是从黑客的目标攻击的角度考虑企业信息系统安全投资策略，而对黑客的随机攻击方式考虑较少，对信息系统安全性要求的研究也相当少，考虑信息系统安全性要求和黑客攻击方式对企业信息系统安全投资策略的影响十分重要。

三是企业信息系统安全投资的研究大多考虑的是静态的环境，而随着现代信息技术的发展，信息防御技术的更新速度加快，黑客也在不断学习攻击方法。所以在制定信息系统安全投资策略时，企业还需要考虑到时间因素，企业进行信息系统安全投资决策是一个动态的过程，而现如今绝大多数研究都是从静态的角度考虑信息系统安全投资策略。

各国越发重视网络空间的治理以及网络安全制度制定，在网络信息安全体系运行安全领域，一些国家的制度实践和经验值得我国进行借鉴和考量。美国作为第一个以体系化方式广泛解决关键基础设施脆弱性的国家，更加强调管理标准，保护对象更加具体明确，“9·11”恐怖袭击事件则进一步提高了人们对关键基础设施脆弱性的认识，强化了保护关键基础设施的紧迫感。随后，《网络安全法》综合预算法案的附加内容在2015年通过，该法案的目的条款体现了美国制度框架的目标，即提高公共和私营部门共同应对网络安全风险的能力，保障美国网络安全。

日本早在2000年就开始进行相关立法工作，最初将保护对象认定为关键基础设施，12月份出台《关键基础设施网络恐怖主义应对特定行动规划》，希冀在2020年构建更高效、迅捷的信息共享制度，在全球范围内实现应对网络攻击的防御框架。在网络安全信息共享方面，日本设立了国家信息安全中心，其职责是统筹协调关键信息基础设施运营者、政府工作部门之间的信息沟通、制度实施等，这与我国网信部门的职能颇为相似，都负责网络安全相关主体之间的统筹协调。

在网络信息安全研究领域，美国空军研究实验室和英国Leicester学院，主要将研究的对象重点放在网络安全协议的技术研发上，并且逐渐组建了非常有代表性的研究团体，为这一领域作出了很大的贡献。研究开始于20世纪80年代初期，伴随技术的不断发展和研究的不断深入，现在正处于鼎盛的发展时期，充满活力状态，很多一流大学和公司的加入，也使这一领域成为研究热点，涌现出各种有效方法和思想，这一领域在理论上走向了成熟。

从网络信息安全设备发展情况来看，规格完备、吞吐范围大的防火墙等设备也已广泛运用于大中型企业出口、金融、高校多出口等多种场景，为不同行业用户的边界安全防护保驾护航。

第三节　网络信息安全问题产生的原因

一、网络安全人才短缺制约产业发展

由于网络安全人才的数量和结构性失衡现象严重，网络安全人才成了制约我国网络安全行业健康发展的一个重要因素。而且“互联网＋安全”人才需要迅速扩大增加，“互联网＋安全”人才供不应求，也成为世界上任何一个国家普遍面临的紧急问题。中国互联网安全行业发展起步晚，其中的技术人员短缺现象特别严重。

当前，我国在全国内设置的相关网络安全类专业的本科院校共116所，每年培养网络安全类专业的全学科毕业生为10万人，但是，我国网络安全人才需求量大约为80万人，预计到2022年，网络安全类专业的人才需求量将会超过百万，网络人才数量难以满足需求。此外，“互联网＋安全”人才的供需矛盾不但是体现在数量上，更是体现在人才供给与需求之间的一种错位。

网络安全的从业人员队伍中的大部分从事运营与保养、技术的保证、管理、风险评估与测试，而战略性的规划、架构设计、网络安全法律相关从业人员相对较少，网络安全专业的从业人员队伍呈现底部过大、顶部过小的结构，“重产品、轻服务，重技术、轻管理”的情况依旧普遍。随着国家“新基建”的逐步推进，网络安全人才短缺问题将日益加剧。

二、网络安全投入的欠缺成为发展屏障

每年我国在网络安全领域投资的资金占比，占整个互联网行业比重为2%左右，而美国安全与IT占比则达4.78%，全球平均水平是3.74%。总之，相较于全球平均水平，我国在网络信息安全占比数据明显偏低。此外，虽然每年我国有大量的科研成果问世，但从研究到生产应用转化并投入市场用于实践方面的科技成果却不足30%，远低于发达国家水平。

科研和应用技术存在的“两张皮”问题，使大量技术成果沦为“实验室的摆设品”，造成极大的人力、物力、资源成本浪费。学校网络信息人才培养也与用人单位岗位匹配度低，难以满足实际工作需求，长期下去不利于高新技术的持续性发展。因此，我们要清晰地意识到做技术“跟班者”不是强国利民的发展之路，只有掌握核心技术，才能掌握国际竞争和发展的主动权，才能从根本上为国家网络信息安全提供技术保障，铸造网络安全防线。

三、网络意识形态价值体系不健全带来隐患

一方面，由于互联网的特殊性质，网络空间新观点、新思想、新理念层出不穷，主流意识形态理论如果未能根据网络的特征而有针对性、差异化地发展，就不能及时有效解决网络实践过程中产生的问题，并说服多数网民接受和认同其观点。主流意识形态如果使网民认同感降低，就会淡化主流意识形态的感召力、凝聚力和吸引力，会阻碍价值共识的达成，造成信仰危机，从而威胁国家政权安全与稳定。

另一方面，由于大众普遍存在求变、求新、求异的心理预期，因此在接受

意识形态理论时，很容易被其他不同于我国主流意识形态思想的观念所吸引，再加之简单、空洞、形式化、表面化的传统意识形态传播理论方法、手段都滞后于社会实践发展，不能满足日益多样化、丰富化、个性化的大众需求，导致一些青年学子、社会精英转求于网络寻求其他新奇思潮和理论。此时，一些打着“自由”“民主”“平等”等鲜艳外衣的错误思潮和理论很容易乘虚而入被网民接纳和认同，降低民众对主流意识形态的信仰与信赖。

四、网络安全技术和产业支撑能力不足

网络黑客和病毒都是人为的恶意攻击，这种恶意攻击会带有一定的目的性，会对计算机网络系统进行有选择性的恶意破坏，病毒潜伏在网络当中，虽然不会影响到正常工作，但是会窃取数据信息，特别是重要的机密信息，会使电力系统遭受更大的经济损失。计算机系统硬件和其通信设施很容易受到外界的干扰和影响，如地震、水灾、泥石流、风雪等自然灾害对其构成一定的威胁。此外，一些偶发性因素，如电源和机械设备故障、软件开发过程中留下的某些漏洞等，也对计算机网络构成严重威胁。这就需要更具有支撑力的网络信息安全技术，保障网络信息安全系统中各环节的防止入侵和漏洞控制问题。总体来说，有以下几方面原因引发了各类网络信息安全事件的发生。

互联网是一个开放的、无控制机构的网络，黑客经常会侵入网络中的计算机系统，或窃取机密数据和盗用特权，或破坏重要数据，或使系统功能得不到充分发挥直至瘫痪。

互联网的数据传输是基于TCP/IP通信协议进行的，这些协议缺乏使传输过程中的信息不被窃取的安全措施。

互联网上的通信业务多数使用Unix操作系统来支持，Unix操作系统中明显存在的安全脆弱性问题会直接影响安全服务。

在计算机上存储、传输和处理的电子信息，还没有像传统的邮件通信那样进行信封保护和签字盖章。信息的来源和去向是否真实，内容是否被改动，以及是否泄露等，在应用层支持的服务协议中是凭着君子协定来维系的。

电子邮件存在着被拆看、误投和伪造的可能性。使用电子邮件来传输重要机密信息会存在着很大的危险。

计算机病毒通过互联网的传播给上网用户带来极大的危害，病毒可以使计算机和计算机网络系统瘫痪、数据和文件丢失。在网络上传播病毒可以通过公共匿名FTP文件传送，也可以通过邮件和邮件的附加文件传播。

发现网站安全问题，却不能彻底解决网站技术的快速发展也让网站安全问题日益突出。但是很多网站开发与设计公司对网站安全代码设计方面了解不多。这也就决定了在网站开发与设计过程中，尽管发现了安全问题，还是不能彻底解决这些安全问题。在发现网站存在安全问题和安全漏洞后，几乎不会针对网站具体的漏洞原理对源代码进行改造。相反，对这些安全问题的解决还只是停留在页面修复上。这也可以解释为什么很多网站在安装了网页防篡改或者网站恢复软件的前提下，还会遭受黑客攻击。

综上所述，不难发现，针对日益广泛的网络活动开展，网络安全技术的匹配还未跟上节奏，网络安全行业的内在推动、产业技术支撑力亟待加强。虽然近几年，网络信息安全以备受重视，但是整体行业还处于初级阶段，网络安全设备的硬件研发和产品使用仍然是重点。针对网络安全软件的开发，还有更大的发展空间。

五、网络信息安全的法律政策不完善

传统法治观念将虚拟化的网络空间潜意识的边缘化，这也是造成网络信息安全问题发生的原因。规章制度不健全、渎职行为等都会对计算机信息安全造成威胁。传统意识形态工作的开展主要是依靠政策支撑，而对于网络时代，网络信息技术与政策对于网络意识形态工作同样重要，如同鸟之两翼，车之双轮，都是决定网络意识形态安全的重要因素。做好这项工作，既需要核心技术的支撑，也需要完善的制度作为规范网络秩序的保障。两者只有协调一致，相互配合，相互促进，共同发挥效用，才能守好网络意识形态安全这座“大门”。

一方面，要紧扣时代脉搏，顺应发展潮流，积极探索制定符合我国国情的网络意识形态安全治理机制，做好顶层战略规划与设计，为完善相关信息基础设施，创新技术发展奠定坚实的制度保障。

另一方面，要不断与时俱进，提高网络技术，为形成开放、动态、良好发展的网络意识形态安全结构夯实技术基础。如果任何一个要素存在短板，都会对网络安全构成威胁与挑战。

六、没有自主品牌的网络安全设备

我国由于网络技术发展起步晚，长期以来相关核心技术都受制于人，甚至很多关键技术领域，都被国外牵着“牛鼻子”。如中美贸易对抗中，中兴作为我国最大的无线、核心网、光网络、智能交换终端等网络硬件设备的通信设备公司，对我国互联网基础设施的发展有着举足轻重的影响。但是，由于美国指控中兴有违反规定向伊朗擅自出售美国技术行为，把中兴一下子推到贸易战的风口浪尖，经济损失惨重。事件的背后更折射出我国网络核心技术的匮乏。虽然《中国制造 2025》政策的推出已有段时间，但是中兴事件让我们警醒：在网络时代，再好的政策如果缺乏技术的支撑，没有落到实处，只能是纸上谈兵；再厉害的技术，如果缺少政策的保障，那必将成无本之木，无源之水。技术和制度两个层面必须协调互补，相辅相成，方能相得益彰，才能从根本上维护网络安全，进而提升网络意识形态安全治理成效。

第四节　网络信息安全的发展趋势分析

一、我国网络信息安全的发展趋势

截至2020年12月我国网民规模高达9.89亿人，并且在人工智能、量子计算、5G通信等方面取得了一定的突破，中国信息化全球排名大幅度提升，产业规模、信息化应用效益等方面取得长足进步。

我国十分重视网络安全建设，《网络安全法》和《网络空间安全战略》等一系列纲领性文件的颁布，表明了我国对于网络安全的重视程度。不可否认，互联网大数据时代，为千千万万的网络计算机使用者带来了工作生活的诸多便利，饮食起居、审阅资料、查找文献、科学研究等社会环节，网络空间已经充分地为人们解决了各种问题。尤其近年来商购网购浪潮，逐渐改变着人们的消费理念和生活观念。人们对网络有着依赖性。然而，在大数据时代的发展浪潮中，应该清晰地拨开表面看实质，网络带给人们的有着它特有的便利性，同时也带来了信息共享化引起的负面作用。在网络上，时常输入一个姓名，就能搜索出很多相关信息，这些个人的数据信息来自五湖四海，详细的描述姓名、职业和生活环境，甚至还有过往简历，这些已经造成数据信息的泄露。此外，还有数据信息的污染。在利用网络引擎搜索过程中，通常会有大量无关信息窗口映入眼帘，有些甚至是不健康的。这些网络信息的污染严重干扰人们的日常使用。不得不看到治理网络信息安全已经迫在眉睫。互联网的开放性和共享性虽然给人们带来便利，但是也必须对其加以规范性控制。不能任由其随意发生。这是基于网络的数据信息安全性考虑，这不仅仅关系个人层面、企业层面，更是关系到国家安全层面。

有效治理网络空间的信息安全问题，应该从国家层面铺设开来，近些年，我国非常重视网络的发展与约束，对网络信息安全的防控要求有部署、有针对性、有步骤地从关键点、重要点铺设实施。并且，在政府各个领域，网络信息安全的工作都有序地开展起来，形成网络信息的生态化体系，接触面和涵盖面已经触及社会的方方面面，通过2020年的新型冠状肺炎的疫情的有效防控，可以看到，我国互联网大数据发展的稳定性和安全性。有效的网络信息安全治理和防控，已经为我们国家的整体决策带来了显著效果。

（一）网络信息安全市场规模日益增大

从近几年攻击事件来看，攻击规模变得越来越广，危害越来越深，影响也越来越大，甚至是毁灭性的。范围上，网络安全形势从早期的随意性攻击，逐步走向了以政治或经济利益为主的攻击；技术上，攻击手段越来越专业，攻击的层面也从网络层，传输层转换到高级别的网络应用层面；类型上，攻击的类型越来越多，如DDOS攻击、僵尸主机攻击、病毒传播等。

国家、行业也意识到攻击的频繁及危害，不断增强法律法规建设，《中华人民共和国网络安全法》《互联网安全保护技术措施规定》《信息安全二级等保要求》《信息安全三级等保要求》等相继发布，成为各行业、单位的网络建设标准依据。随着云计算、移动互联、Web2.0等新兴业务的不断涌现，众多云应用、移动应用异军突起，而传统的P2P、流媒体等应用为了逃避各类检测技术其本身也在不断发生变化，这就对安全网关类设备的应用识别能力提出了更高的要求。

近几年来，随着勒索软件的兴起以及愈演愈烈的网络安全攻击，全球各类规模的组织都在不断增强其信息安全意识，各大公司对敏感数据保护的投资不断增加。随着“等级保护2.0”、数据安全等相关法律法规的逐步落地，监管部门的监管力度将大幅提升，中国网络信息安全市场将保持快速增长。

2019年，网络安全政策法规持续完善优化，“等级保护2.0”出台并开始实施，网络安全市场规范性逐步提升，政企客户在网络安全产品和服务上的投入稳步增长，云安全、威胁情报等新兴安全产品和服务逐步落地，自适应安全、情境化智能安全等新的安全防护理念接连出现，为我国网络安全技术发展不断注入创新活力。随着国家在网络安全政策上的支持加大、用户需求扩大、企业产品的逐步成熟和不断创新，网络安全市场保持快速增长，规模达到608.1亿元。

（二）安全硬件产品依然占主要地位

网络信息的安全性对一个企业的发展来说至关重要。在当今的互联网大数据时代，大多数企业都不会放弃利用互联网得天独厚的优势来做大做深企业的发展。在企业全面铺设网络的同时，很多企业对网络安全漠不关心，从而错过网络安全的最佳设计初始时期。商业信息的安全和保密对企业的生存根本至关重要。企业的很多机密数据信息都决定着企业的发展空间。

然而，在我国，企业对网络信息安全的认识还远远不够。每年的网络信息安全事故都让企业付出惨痛的经济损失，甚至是社会信誉扫地，致使企业一蹶不振。还有些企业的网络信息安全设备陈旧、升级不及时，面对黑客的入侵不能做到及时防御，不少企业认为防止黑客攻击，只要购买防火墙等相关安全产品就可以了，然而事实上，无论是防火墙，还是安全操作系统，都要根据数据信息安全类型防御技术的发展，及时升级调整。此外，网络防火墙和安全智能操作平台都已经顺应发展，登上舞台。

网络设备的信息安全防护的发展是网络信息安全治理的重要一环。硬件设备的安全性关乎网络信息安全的整体，也是网络信息安全防控的基础之一。

信息网络在带来高效和便捷的同时，因其承载了大部分的重要业务，以及关键信息，被破坏时产生的巨大影响力也变成了黑客攻击目标的一块更大的市场。2018 年 1 月 3 日，INTEL 处理器被曝光影响范围极广的 Meltdown 和 Spectre 漏洞，影响 1995 年以来大部分 INTEL、ARM、AMD 处理器，且涉及大部分通用操作系统，采用这些芯片的 Windows、Linux、Android 等主流操作系统和电脑、平板电脑、手机、云服务器等终端设备都受影响，漏洞可让所有能访问虚拟内存的CPU都可能被恶意访问，密码、应用程序密钥等重要信息面临风险。2018 年 4 月 7 日，黑客利用思科 CVE-2018-0171 智能安装漏洞攻击了许多国家的网络基础设施。全球已超过 20 万台路由器受到了攻击影响，其中俄罗斯和伊朗的损失最大。

为应对如此复杂、猛烈的网络攻击趋势，网络安全防护设备形态也相应不断增多、检测越发专业，从基础的防火墙、入侵检测、病毒网关、VPN 到数据防泄露系统、WAF、僵木蠕监测系统、邮件网关等。

无论攻击如何衍生，黑客以漏洞方式的攻击母体方式一直是攻击的主导模式以及攻击的主要手段，因此，网络入侵防御一直作为网络安全法律法规的网络安全基础设备建设的基础与重点，各安全领域也一直将入侵防御作为网络安全解决方案的基本配备系统。对于网络中充斥的各种攻击，防火墙和入侵检测技术（IDS）实现对攻击的检测与防御。

2019 年，我国网络安全市场仍以硬件产品为主，仍占据接近一半市场份额，市场规模达 292.2 亿元，市场占比为 48.0%，软件产品市场规模逐年增长，2019 年达 242.5 亿元，占总市场的 39.9%。由于国内安全支出更多地为合规驱动，因此安全服务仍远远低于全球水平。

（三）政府、金融、电信占据市场主要地位

随着网络信息化的高度应用，网络已成为人们生活中必不可或缺的工具，小至人与人之间沟通，大至世界交互，越来越多的企业、政府构建了自己的互联网络信息化系统，因其不可或缺的重要性，网络空间已发展为继海、陆、空、天之后的第五空间，成为影响人们生活、企业运营乃至国家安全的重要因素之一。

从行业结构上看，2019 年依旧是网络信息安全投入占比最大的行业市场，市场规模达 151.1 亿元，占总市场的 24.9%。电信与互联网、金融等领域的网络信息安全投入排在前列，市场规模分别为 111.8 亿元和 106.6 亿元。此外，教育与科研、制造、能源等领域的网络信息安全需求近些年来也在不断攀升，市场增长迅速。

（四）以软件为主的安全技术逐渐被市场接受

据统计，随着移动互联网、物联网的快速发展，终端设备的数量呈现指数级增长态势。近几年来，终端安全产品（包括终端安全管理、终端防病毒、终端流量监测等）备受关注，2019 年的市场规模达到 31.7 亿元，增长率为 20.6%。信息加密 / 身份认证市场规模达到 48.4 亿元，同比增长 15.0%。随着客户对网络安全统一安全管理的需求逐渐爆发，安全管理平台市场 2019 年增速达到 32.9%，市场规模达到 24.3 亿元。数据安全市场增速为 9.2%，市场规模达到 27.7 亿元。

（五）“安全即服务的理念”不断深入

随着安全即服务理念的不断深入，安全服务市场持续增长，2019 年增速 24.2%，达到 73.4 亿元的市场规模。从网络信息安全市场发展趋势来看，未来随着工业互联网、智能制造、人工智能等战略的实施，云计算、大数据、人工智能、移动互联、物联网等技术应用带来新的发展空间，这些均为网络信息安全市场及企业带来更好的发展机遇。

近几年来，随着网络形态的转变，安全产品也加速向服务形态转变，在云安全服务快速发展的背景之下，自动化、远程化、智能化的威胁检测、威胁情报等新兴服务模式开始被逐渐接受，网络安全服务的价值逐步得到认可。此外，安全的解决方案必须要深入了解用户背后真正的需求才能持续地为用户提供具有针对性的有效服务，因此结合技术、产品和专家于一体的安全服务必然是未来企业网络安全保障的重要选择。

（六）端点、网络及平台将成为战略布局的关键

未来，随着数字经济、数字城市的建设，原本存在于企业、行业之间的物理边界、网络边界、业务边界将逐渐消失，而如何构建企业、行业之间的安全策略就显得尤为重要。如何用安全的技术手段来让企业放心享受数字经济带来的红利，是未来数字化转型过程中的工作重点之一。

尤其是在 5G 大连接的背景下，如何保障呈指数级增长的终端的安全、防御各种类型网络的攻击以及如何用大平台实现安全运营于管理是未来网络安全的重点突破方向。在安全防护方面，既要保证万物互联下的入口安全，又要构建云网端的立体化防御；在安全管理和监控方面，需要有整合威胁情报、态势感知、零信任等各种专业能力的安全平台的保驾护航。

（七）数据安全防护是网络信息安全关键

随着数字经济的不断发展，数字化产业和数字化社会使虚拟空间和实体空间的链接不断加深，导致安全风险从单纯的网络安全逐步扩展到全社会的所有空间，安全能力将成为关系社会安定、经济平稳运行的关键基础性能力。此外，“新基建”加速融合信息产业和传统产业，从而进一步推动数字经济的发展。

随着大数据和人工智能的发展及广泛应用，设备间的网络硬件屏障不复存在，存在于设备、企业、行业、地域间的物理界限消失，数据跨界流转的速度越来越快，数据总量将以指数级速度增长。因此，如何保障用户隐私和数据安全成为数字经济建设中的基础性问题，数据安全的防护思路和技术体系需要转变和升级。未来，数据安全将是各行各业的关注重点，数据安全相关产品及服务将会有很大的需求。

（八）市场需求逐渐向“按需安全”转变

当前，5G、物联网、人工智能等技术的高速发展和普及，开启了第四次工业革命的浪潮。5G 与人工智能等技术的融合，推动工业互联网、车联网、物联网发展的同时，也让网络空间变得更加复杂，提出了更严峻的网络安全挑战。

除此之外，“新基建”加速数字经济与实体经济融合发展，不断推动传统

行业数字化转型，随之而来的是网络安全威胁风险从数字世界向实体经济的逐渐渗透。在此过程中，网络安全的内涵外延在不断扩大，网络安全的市场逐渐从合规的通用安全需求转向与实际业务需求紧密结合，提供适合于各场景化、定制化的网络安全解决方案。

（九）我国网络意识形态的复杂性

在这个新旧时代交替的革新浪潮中，互联网犹如一把思想渗透、文化传播的双刃剑，在给意识形态工作带来便利的同时，也为各种社会思潮的传播拓宽了散播渠道。目前，我国法制建设还不完善，尤其是在网络层面法制体系还处于探索建设阶段，使得网络违法行为、不良信息直接对主流意识形态发起挑战。所以，道德和法律作为意识形态建设体系协调运行与发展的重要调节手段，必须要协同发展，双管齐下，共同发挥作用。我国网络意识形态传播载体面临转型挑战。网络自由化无疑会弱化、淡化网络空间的意识形态色彩。国际化环境中，网络客体主观意识情绪宣泄时常带有高度的任意性、冲动性、非理性等特征。一则，一些别有用心的人对社会热点问题、具有争议的社会道德事件、敏感话题等进行炒作和大肆渲染。他们借助网络空间与现实社会的交织，利用网民与公民双重身份，游离于虚拟与现实之间。

二则基于网络虚拟化、自由化等特征，信息制作、发布、宣传的渠道大大拓宽，权威性、规范性、科学性等传统媒介的固有优势都被弱化。这使得各种信息、各种意识形态盘根交错、鱼目混珠、真假难辨。

此外，我国网络意识形态面临西方多元思潮渗透的挑战，网络开放性加剧西方多元思潮渗透。对比传统信息传播的系统性、整体性，连贯性等特点，互联网时代信息碎片化是最为显著的发展特征。信息碎片化充斥着生活的方方面面，导致思想权威的解构与自我意识的崛起，加大网络意识形态引导难度。

二、全球网络信息安全的发展趋势

（一）全球网络安全投资热情高涨

近年来网络安全行业备受资本青睐，无论从融资额还是融资事件数量上都保持持续增长态势。2019 年，全球网络安全行业融资并购总金额达到 280 亿美元，事件数量达到 400 次以上。其中备受关注的是芯片巨头博通斥资 107 亿美元收购赛门铁克的企业安全业务。

就中国而言，2019 年国内融资总金额达 119.4 亿元，创历史之最。从融资额度上分析，综合型的头部网络安全企业融资额度最大，被资本市场持续看好。随着全球安全态势越来越严峻、安全创新技术的演进，安全初创企业会不断涌现，网络安全行业依旧会受到投融资市场的持续关注。

（二）全球网络安全市场加大整合力度

随着网络安全的重要性的凸显，全球网络安全需求不断上涨，全球各类型企业通过并购、创新等构建其网络安全产品线。微软、IBM、思科、甲骨文、英特尔、华为等大型跨国 ICT 公司，在不断提升自身产品安全性能的同时，通过收购、投资等渠道不断吸收全球最先进的网络安全技术，构建了强大的网络安全产品线和服务体系。

世界大型咨询服务公司如德勤、安永、普华永道、毕马威、埃森哲及凯捷等，均纷纷布局网络安全领域，将网络安全业务视为业务增长的重要引擎。此外，一些制造业及工业互联网企业也在其业务线基础上延伸网络安全服务，保障自身业务的安全性。众多工业软件厂商为提高其工业互联网平台的整体安全性，也在采用并购的方式快速切入安全领域。

第三章　现代数据库与数据安全技术

网络信息安全管理策略中重要的一环，就是数据库中数据信息的安全性保护。数据库作为数据信息的汇总仓库，承载着数据信息存取和使用的使命。同时也是网络入侵者进行破坏和窃取的主要目标。本章分为数据库安全问题、数据库的安全特性、数据库的安全保护、数据库的多级安全问题和数据备份与恢复技术五个部分。主要包括数据库安全的发展、数据库安全类型、数据库的安全问题、数据库的安全特性、数据库安全管理原则、数据库安全标准、数据库安全保护措施、多级数据库安全策略制定理论、数据库的安全分级管理、数据备份和数据恢复等内容。

第一节　数据库安全问题

一、数据库及数据库安全的概念

（一）数据库的概念

数据库顾名思义，是一种通俗易懂并且形象地对计算机存储的信息资源集中化的一种叫法。它是指将计算机互联网上的海量数据信息资源，按照数据结构同一性进行分类、归纳，以便用于组织、存储、交互和管理的仓库。

数据库的产生距今有六十多年，随着计算机互联网的出现，近年来社会生活、工作方方面面促进和依赖着互联网的高速发展，尤其是20世纪90年代以后，作为互联网的核心要素，数据库已经不单单具备存储和管理数据的功能。人们在实际社会活动参与过程中，越来越多地倾向于对数据库中的海量数据进行查询和使用，至此，数据库的使用功能被挖掘出来，并且与日俱增地被全球计算机研发者热衷地探索。人们通过互联网，对数据库使用的高度依赖性，也使得数据库的安全性随时面临着风险。

（二）数据库安全

由于数据库是计算机互联网的核心信息资源要素，它是社会活动中各个环节、领域所有数据信息资源的仓储空间，存在着难以统计的海量信息资源，其中不乏普遍性的数据信息，同时也包含着较为隐蔽、保密性强的数据信息，产生的社会经济价值难以估计，甚至关系到国家和全球的社会动态。由此可见，数据库在组织建立、存储备份、查询使用等管理环节，都必须建立起安全预防保护机制，否则，在数据库运行的任何一个环节出现数据信息泄露，被犯罪分子或是竞争者捕获后，都将可能造成极大，甚至是毁灭性的攻击。

因此，有关数据库安全的相关研究越来越广泛地被全球应用者和研发者关注。对数据库的使用开发，一直以来，部分发达国家较为领先。目前，我国普遍应用的数据库基本模型和系统，还都依赖外国。针对目前国际上在互联网领域的白热化竞争和渗透，我国政府近年来一直把互联网信息安全作为相当重要的投资建设项目，每年投入大量资金，进行国家安全网络建设。而其中，数据库的安全建设尤为重要。

按照数据库组织结构横向建立，数据库安全类型可以分为数据库运行的系统安全和数据库内的信息安全两种基本类型。

二、数据库安全的类型

（一）数据库运行的系统安全

数据库运行的系统安全，通常体现在互联网环境下，攻击者对信息数据库运行的系统环境，用多种方式进行攻击，使系统无法正常运行甚至瘫痪，从而导致数据库不能被进行查询、使用，或者存储、备份。

简单来说，数据库运行的系统安全防护是一种类似网络安全设备和软件的使用安全保护。借助用来实施安全防护的应用产品，比如利用防火墙、入侵检测技术等来控制攻击者对数据库的非授权性访问。

（二）数据库内的信息安全

数据库的信息安全是一种更为深层、更为基础的数据信息安全控制保护，它针对的标的，是数据遭到破坏和泄露威胁的可能性。比如，黑客成功进行系统破坏后，侵入数据库获取了信息数据；再比如，作为能够直接接触敏感数据信息的内部人员，因为某种目的而进行的人为数据信息泄露，这些都属于数据库内的信息安全问题的范畴。而近几年，随着行业规范和职业道德与互联网高速发展的不匹配性日趋严重，由于内部工作人员进行的人为数据信息泄露，已经成了数据泄露的主要原因之一。

由于数据库安全作为数据信息安全的最后一道防护线，因此，数据库安全的防护是所有计算机互联网信息安全模型建立的首要对象。互联网信息安全模型的建立基础就是要防止攻击者从任何一个环节或者方向，在互联网环境下对数据信息资源进行窃取和篡改。针对数据库内信息安全的深层保护，现在学者和研发者普遍趋向数据加密技术和数据脱敏技术的实际应用研究。

三、数据库安全的普遍认识

（一）数据库安全性误区

在设计数据库系统时，研发者有时候会对数据安全性进行错误的评估，或者对该领域环境和技术不熟悉，就会导致做出无效的安全解决方案。下面列举几个平常生活中最常见的误区。

比如，在现在的网络环境下，攻击者对计算机的运行系统进行攻击，导致了大部分数据信息安全事故。一般情况下，人们会主动对互联网的运行系统安全设备和系统软件进行问题查找和补漏。而实际上，许多数据信息安全事故都是由于数据库内部 bug 没有得到及时发现和解决，被黑客编写的相关攻击程序进行攻击，而造成了信息丢失和数据库崩溃。

加密软件被人们大量使用，人们普遍认为这样，数据信息就能被保护起来，不被泄露和篡改。而实际上，使用加密技术只是一种保护数据信息安全的必要措施，并不是充分条件，数据信息的安全性还需要访问控制技术进行分析过滤和控制，或者通过监测数据信息的完整性，并进行跟踪和记录来协同进行防护。此外，很多时候还需要使用系统的可用性评估以及审计方法等。

建立网络信息安全模型，现在最常用到的就是防火墙软件。大多数人认为，防火墙可以作为保护数据信息安全的最重要的网络安全设备，往往在组建安全网络时，也会投入大量精力和资金在防火墙设备上。实际上，由于对数据库的攻击是一种动态的发展形态，防火墙缺乏升级及时性，很多政府、企业尽管安装了防火墙软件，比如大家经常看看到的 360、瑞星等相关产品，但是一旦黑客编写出新的攻击程序病毒的时候，这些防火墙因为没有实时进行升级，防护功能就会产生延迟服务，用户依然会被网络入侵者盗走相关信息。

以上这些针对数据库安全的误区，给人们一个很好的警示，要想建立一个完美的数据库安全机制，做到能够实时、动态的对数据库的数据信息进行安全保护，就必须了解所要设立的数据库安全模型的安全需求之后，再做出对应的解决方案。这类似医生看病，要对症下药，避免不必要的开销给用户造成负担。

（二）多角度理解数据库安全

衡量计算机数据库内存储的数据信息的安全性，就要考虑到组织建立数据库时，有可能存在的bug或漏洞，在任何一个整体数据库的系统中，存在的任何一个bug或漏洞没有被及时发现、打上补丁或者屏蔽，都极有可能成为使数据库系统部分被破坏或者造成整体瘫痪的罪魁祸首。

当然只有良好的软件环境，而缺少质量过关的硬件支撑，整体的数据库系统也很难维持良好的运行。对于计算机的信息安全来讲，硬件与软件操作系统的高默契兼容性可以为数据库系统的安全提供优质的内部运行环境，加上高水平的网络管理技术又可以在外部为数据库的安全提供良好的网络数据共享环境，二者对实现良好的数据库信息安全防护来说，缺一不可。

因此，在预想建立需求性的数据库安全系统时，确保优秀的操作系统和良好纯净的网络环境的前提下，保证每个细节都考虑周全，才能从源头上控制有可能造成数据库安全的威胁问题。而在相对复杂的网络环境下，数据库安全会受到各式各样的外部或内部的环境制约，这些环境因素都有可能给数据库安全带来风险。

考虑在互联网环境下，数据库的安全性，需要全面综合思考数据库和服务器之间的兼容及安全性，同时，还需要思考使用者访问权限和非授权访问跟踪及记录，数据的加密也是必须考虑到的一点。在网络环境中的入侵攻击也需要人们进行有效的防御，还有很多因素，人们都必须考虑在其中。

国际上知名的数据库提供商联合国际计算机安全信息委员会，共同制定了数据库国际安全标准，这些知名数据库产品为保障数据库整体的安全性，发布了一整套比较完善的规范，这套规范由以下技术构成：数据加密、身份认证、访问权限控制、多级安全数据库、索引优化、软硬件防火墙等，以上诸多的安全技术构建，加之设计出符合需求的合理有效的安全管理策略，就可以达成数据安全性的目标。但是，这些安全技术构建的安全数据库只能防御黑客相关技术的攻击和破坏，没有办法应对数据库内部数据量的增容及并发事件的发生。在当今移动互联网崛起的时代，有很多保密性信息及敏感话题经常被一些不安全的平台及机构所管理，这样的信息很容易被盗用并用于非法的传播。

计算机数据信息安全是时代发展的需要，特别是大数据时代的来临，人们对数据应该从多角度理解，多维度考量数据库系统的安全性，尤为重要的是对其子课题的研究，防止在使用数据库的情况下被窃取了隐私信息。传统模式下，一些网站或一些社交工具自动弹出的窗口，都是这种恶性攻击的媒介，人们应该时刻防范；同时，做好宣传工作，把这种损失降到最低。另外，人们可以通过企业硬件防护来屏蔽外界的攻击，或者用实时监测系统对网络环境进行检测。总之，互联网环境下，对数据库安全的保护是多角度、多维度的，设计相应的数据库安全管理策略时，应当纵向、横向统一，同时进行衡量考虑，尽可能做到安全管理策略的优质性，从而保证数据库安全的严防可控。

四、数据库安全问题

（一）数据库操作人员错误

数据库安全的一个隐藏风险就是“非故意的授权用户攻击”和内部人员错误。一般来说，上述人为行为蕴含着隐形的风险，如数据库操作人员失误删除或者将数据拷贝、泄露出去，人为地绕开了数据库安全策略。数据库给授权用户开发数据访问权限时，一些保密性数据有可能被误操作，导致信息的修改和删除，就会发生第一种风险，这也是常遇到的事情。虽然不是有意泄露信息，但是无意中，人们的设备也会造成数据丢失或泄露，比如数据库的数据被存放到存储设备上，人们的移动设备在接入网络的时候，很容易受到外界的恶意攻击，就会导致非故意的安全泄露事件。

（二）病毒入侵

通过互联网进行社交的过程当中，黑客会不断地改进自己的攻击技术，如做一些木马程序放到网站上，浏览网站的人很容易就受到木马的攻击。木马会通过钓鱼技术在用户无法察觉的情况下窃取隐私信息。传统模式下，一些网站或一些社交工具自动弹出的窗口，都是这种恶性攻击的媒介，人们应该时刻防范；同时，做好宣传工作，把这种损失降到最低。另外，人们可以通过企业硬件防护来屏蔽外界的攻击，或者用实时监测系统对网络环境进行检测。

（三）内部人员攻击

数据库攻击事件往往会在内部发生。在经济大环境不好时，很多公司为了减少人力成本，会通过裁员来维持公司正常运作，被裁掉的员工往往会因为不满，通过一些极端的方法报复公司，比如泄露公司机密来换取经济利益，而且这些员工在被劝退初期，手上都还掌握着公司访问核心数据库的权限，这样很容易就给企业雪上加霜。

（四）错误配置

攻击者手上往往控制了大量已经被入侵的个人电脑，通过这些个人电脑来访问数据库信息，通过这种方式迷惑计算机数据库安全系统以窃取信息。以上情况是现在黑客攻击数据库的主要手段之一。比如，长期使用默认数据库配置或将配置误操作，都会被黑客利用错误配置将数据库攻破，并窃取相关的信息。

（五）未打补丁的漏洞

攻击者制作的漏洞脚本会比数据库补丁更新还快，数据库补丁刚更新，几个小时候，网络上就会看到相关的漏洞脚本。一些入门级黑客就可以下载这些漏洞脚本，攻击数据库，窃取数据库核心信息。

（六）高级持续性威胁

高级威胁是指在技术领域里掌握着核心技术，并拥有对大型数据库攻击手段的入侵者。在攻防双方角力过程中，很多政府或者机构也受到不同程度的损失，大量的机密信息将会被泄露，或被用于信息黑市的交易市场或是暗网上进行贩卖。作为信息窃取高回报的案例，越来越多的人铤而走险，会投入到黑客技术研究的领域，所以近年来这样的信息犯罪案件屡见不鲜。从2010年以来，在运行维护工程师系列中新设置了一个岗位，就是数据库管理员，主要负责数据库从建立开发、测试运行、到实施交付的安全生命周期管理。保证数据库系统的稳定性、安全性、完整性和高性能，是数据库管理员的核心职责。

第二节　数据库的安全特性

一、数据库的特征

（一）数据结构化

数据库将数据信息资源整体建立了组织结构，根据数据信息资源的同一性进行分类存放于数据库中，面向全组织进行整体结构化，而不再是针对任何或某个应用。数据库系统实现了整体数据的结构化，是数据库最主要的特征之一。同时数据库将数据信息资源进行结构化的特质面向整个系统，任何访问使用都共享数据的结构化。

（二）数据的共享性高

数据库中存储的海量数据，是随时面向整个系统的。数据库中的数据可以被多个用户、多个应用程序共享使用，这样就大大节约了数据的存储空间，也大大减少了数据冗余，优化了系统内部结构空间，同时还能避免数据之间的不相容性与不一致性。

（三）数据独立性高

数据库在建立和设立时，就是由 DBMS 负责存储、编写和管理的。这就奠定了数据库在物理上和逻辑上的独立性。比如，在磁盘上的数据库如何存储数据是依靠 DBMS 进行管理的，使用者并不需要了解，在应用程序中，用户只需要处理数据的逻辑结构，这样一来，当数据的物理存储结构改变时，用户的应用程序不用相应地做调整。这就是数据库在物理上的独立性表现。数据库在逻辑上的独立性表现在数据库内的数据逻辑结构一旦改变，那么使用者的用户程序可以不做改变。它充分说明了用户的应用程序与数据库的逻辑结构是相互独立的。

概括来说，数据库将数据与程序进行独立，把数据从程序中分离出去，加上 DBMS 单独负责管理存取数据，从而简化了应用程序的编制，也大大减少了应用程序的维护和修改。

（四）数据实行统一管理和控制

在数据库三个基本特点的基础上，数据库在应用上最直观的特点就应运而生了，那就是数据库的共享性。数据库的共享是并发的共享，换言之就是多个用户可以同时存取、使用数据库中的数据，甚至可以同时存取、使用数据库中的同一个数据；而数据的安全性保护、数据的完整性检查、数据库的并发访问控制和数据库的故障恢复都是由 DBMS 来负责提供和管理。

二、数据库的安全特性

（一）数据独立性

由于数据库开发者是根据使用者的特定使用需求，对整体数据信息分级分类的建立统一数据库结构，并进行存储。这就使得数据库具有了整体的结构完整性，同时又是独立程序管理。数据库的设计建立和运行维护是由数据库开发者和数据库管理员提供的，使用者不用接触数据库的设计程序。所以，在使用者进行操作应用程序时，不以数据库的升级和修改为行为安全参考。在数据库安全定义下，数据的独立性是支持数据库安全的必要环境条件。

（二）数据安全性

由于数据库自身带有独立性和整体性的特征，这就使得数据库的安全性相对稳定。数据库的开发者在设计、建立数据库时首先考虑到的就是数据库内数据的安全性，为了完善数据的安全性，数据库的编写人员会考虑运用多种加密技术，对访问权限进行分级控制，以及修复有可能会出现的bug或者安全漏洞。以上这些围绕数据库开发的相关技术都在源头上为数据库提供了安全保护，以此加强数据库内的数据信息安全性。

（三）数据完整性

数据库的整体结构化特点，奠定了数据库在安全模式下，数据的完整性这一特征的理论基础。此外，由于数据库开发者在最初设计制定数据库安全系统管理策略时，充分考虑数据库安全使用的外部环境和内部结构瑕疵，积极利用多项数据库安全技术，使得数据库内的数据信息资源在网络环境中被提取、存储以及使用具有完整性和不被篡改。

（四）并发控制

人们建立数据库，就是为了能做到数据信息资源共享。数据库通常被多个用户同时同步，甚至是进行同一个使用操作，来共享数据信息。为了避免在数据库被并发访问时出现存储或提取到不正确的数据，从而破坏了数据库的一致性，影响数据库的使用安全，数据库安全管理系统设立数据库的并发控制是非常重要和必要的。数据库编写过程中，开发者往往会提供自动的通过编程来完成的机制，比如，事务日志、SQL事务控制语句，还有事务处理运行过程中通过锁定保证数据完整性的机制。

（五）故障恢复

在数据库安全管理系统中，数据库的故障恢复和数据库的完整性、数据库的并发控制一样，都是针对数据库内的数据信息资源安全完整性的控制。

从理论上讲，数据库的安全在做到充分安全考虑和优秀的外部运行环境下，是能够达到最完美的管理控制的。然而事实上，在我们社会工作生活的实际网络环境中，所有的系统都不可能避免发生故障，有可能是硬件设备失灵，或者是软件系统崩溃，也有可能是其他外部自然原因或人为操作原因。由于以上这些原因导致的计算机操作运行突然中断，正在被访问和使用的数据库就会处在一个错误状态，即使故障排除后，也没有办法让系统精确地从断点继续执行下去。这就要求数据库在初始开发时，就要有一套故障后的数据恢复机构，保证数据库能够回复到一致的、正确的状态去，这就是数据库的故障恢复。

三、数据库安全管理遵循原则

（一）分级分类

设计开发数据库系统应当根据数据信息资源的敏感程度和数据类型，进行分级分类，组织架设结构。而作为数据库安全的管理，也应该依照这种原则进行分级分类安全审计、防护。有目的、有针对性、有策略性地进行数据库安全防护系统构建，从而节约成本，达到最佳安全防护管理。

（二）确保安全

安全性高的数据库，应该具有与所面临的安全风险相匹配的安全稳定性，采取十分有效的管理措施和技术手段，保护数据库内的数据完整、保密并且可用，确保数据信息的安全风险得到有效控制。

（三）同步推进

无论数据库的开发者还是数据库的管理员，都应该从数据库的设计建立、测试运行和部署交付全部环节中，强化对数据库的数据信息全生命周期的管控，保证数据安全的各项技术措施能够做到并实现“同步规划，同步建设，同步使用”。

（四）统一实施

根据数据库整体结构化的特点，在进行数据库安全系统建立时，应该在全过程面向全组织，实现对数据库中的数据信息“统一标记、统一认证、统一授权、统一审计”程序操作。

（五）充分利用

之所以建立数据库，就是为了优化聚类数据信息资源，方便使用者存取和使用。随着互联网和物联网的快速崛起，数据库不仅仅停留在存取功能上，共享使用功能日益彰显。如何在充分确保数据库安全风险可控的前提下，充分提高数据的共享程度，促进数据充分流动和发挥数据价值，成为尤为重要的研究方向。

（六）目的明确

虽然互联网作为虚拟网络，当前我国的法律体系对于这一领域还有边界性，与之匹配的法律规定还有待完善。但是，但凡在中国境内，从事的任一社会活动都必须符合我国基本国情，不违背宪法，具有完全合法性。那么，对于数据库中数据信息资源的管理和处理，也都必须具有合法、正当、必要、明确性，这也是数据库安全性的核心宗旨。

（七）最少和够用

数据库的建立一般具有按需性，这一特点也对数据库的安全性起到了积极作用。数据库根据需要，只收集与处理满足目的所需要的最少数据类型和数量，从外部来讲，降低或者分散了攻击者对数据库的安全威胁；从内部来讲，优化了数据库的整体结构，为数据库进行了清减，降低了数据库的 bug 和漏洞的发生概率。

（八）责任明确

无论是数据库数据收集、数据库运维还是数据库的使用，都要由特定的人员来完成。为了从人为安全防控角度进行安全管理，有必要设置数据安全管理责任体系，将数据库安全的管理责任按照管理层级、管理环节，制定谁主管谁负责、谁收集谁负责、谁运行谁负责、谁使用谁负责的原则，逐级落实到单位与个人。

第三节　数据库的安全保护

一、数据库的安全标准

国内外对数据库的安全标准有着不同的要求。

首先，是控制数据库中数据的保密性。这要求数据库中的数据信息资源必须是保密的，只有合法访问权限的用户才能访问数据库中的数据。数据库在被设计开发时，一般先会根据使用单位数据的访问需求和管理架构，将数据库分为级别，编写不同保密级别的访问程序进行数据库的保密性控制，确保数据库中的数据信息根据保密程度的不同，被相对应的合法用户进行访问。此外，在外部环境中，数据库中数据的安全保密性质也被各项硬件和软件技术加以控制。

其次，要想有效控制数据库中数据的完整性与一致性，就要保证数据库中数据的完整性与一致性不会因为用户的各种操作而遭到破坏。一般来说，用户进行的应用操作是对于数据库中数据信息的查询访问和存取，由于数据库具有自身独立性，数据库的升级或修改不影响用户的应用操作。但是在实际应用中，攻击者会通过入侵技术、病毒等侵害数据库的完整，甚至造成数据库结构的破坏。这也是当前国内外学者研究数据库安全模型的主要攻克方向。

最后，数据库中数据必须是可以使用的，也就是确保数据库的有效性。在网络环境中，即使攻击者对数据库进行了各种攻击，数据库的安全管理策略也要保证能够通过各种技术手段对数据进行修复，保证数据一直处于可以使用的状态。

以上三点，是在建立数据库安全模型时通常需要考虑的基本要素。同时也作为我国和国际上各国在制定数据库安全标准时的衡量因素。总之，数据、数据库乃至数据库的安全管理策略，都离不开信息保密性、独立性、完整性、有效性几个显著特质。这不仅仅是数据库安全的防护，从源头上说，就是数据本身的安全保护特征。建立一个有效、完善的数据库安全标准，不仅能够规范数据库设计建立遵循的原则，也为数据库安全的防护管理指明了技术方向。

二、数据库的安全管理体系

通过对数据和数据库安全性的深入分析发现，建立一套有效的数据库的安全管理策略，对用户至关重要。具有有效安全控制的数据库不仅仅能够为用户提供信息保密安全环境基础，同时也对在任何网络外部环境下，数据库遭到攻击、破坏的事件可以进行有效追踪和治理。因此，要想构建一个完整的数据库安全环境，既要从初始充分分析安全需求，考虑干扰因素，设计出相对完善的数据库安全系统，又同时应该建立数据库安全应对措施机制。来分析、应对和调整数据库的性能。

举例来说，以数据安全治理过程为引导，一套完备的数据安全应对措施体制，包含有治理目标、组织评估、管理评估、业务梳理、数据识别、风险评估、措施评估和差距分析几大横向数据信息安全研究内容。通过对这几项内容逐一分析，从源头到事后整个安全环境态势上建立起应对措施体系，使得数据库的安全应对措施更加具体、有效和具有持续性。

此外，能够有助于完善管理体系，还可以依循许多领域内的指导性文件，比如《数据安全管理要求》《数据分类分级指南》《数据脱敏指南》以及《数据安全风险评估指南》等规范性文件。这些都是建立数据库安全应对措施的重要依据。

从数据库的安全技术角度出发，在一套完善的数据库安全应对措施中，构建安全能力的技术水平是非常重要的考量参数。一般来说，要想构建数据库的安全技术防护能力，会利用数据安全智能型的管理控制操作平台，保证数据库发现问题的及时性，还会加入数据库安全防护措施、数据的防泄露措施、数据静态动态脱敏措施、大数据安全防护措施和数据安全交换措施等安全防护技术。在互联网大数据快速崛起的时代，数据信息资源可以说是所有社会活动的基础要素之一，数据的安全性显得无比重要，它直接、间接地关系到社会方方面面的发展态势和决策安全。对数据库安全防护技术的研究将成为领域内持续探索的课题。

对数据库安全防护的管理防控措施并不是静态的，它应该是一种动态持续性的安全防护控制。这就要求在构建数据库安全防护措施时，首先要建立数据分类分级安全管理机制。对数据库的安全管理应该以保密性、完整性为关键要素。针对这点，按照用户保密使用层级，将数据库中的数据信息按照保密程度进行分级分类提供给用户进行访问，可以有效地保护数据库中数据的安全。同时，既然制定了数据库安全管理策略和应对措施，就要坚持落实，让数据库安全策略规划落地，才能使数据库的安全防护彻底贯彻实施执行。其次，许多数据库中数据信息的泄露和破坏都是由于人为的应用、操作不当造成的，所以对使用者的专业安全防护技术培养也是必要的。

三、数据库安全的防护思路

（一）核心数据保护

数据信息资源的所有者或者托管者掌握着数据库中的核心数据，换言之也是保密性最高的数据信息。它是数据库安全保护的金字塔中的最高一级。对于外部层级来说，首先应该建立数据库安全网关，如防火墙。而在内部建立数据库时还必须考虑到数据静态、动态的脱敏，数据信息存储备份及容灾，终端数据信息防泄露以及大数据的安全防护。确保数据库中核心数据的保密性和完整性。

（二）主要边界监控

假如将数据库安全防护看作是一个金字塔，那么作为数据监控者所处的主要边界监控就是连接“塔尖”的核心数据保护和“塔基”的数据使用者的全域数据信息的中间层级。

边界监控的安全防控主要是对网络数据泄露的技术防护控制。使用者通过合法访问进行数据信息存取、使用，不会造成数据信息的泄露或破坏。而一旦黑客对网络数据进行恶意攻击，就会使得数据库中的数据面临被泄露或遭到破坏的风险，数据监督者可以在边界监控层级利用技术进行监控和防护人为窃取或破坏保密数据。

（三）全域资产管理

全域资产管理就是面向所有数据使用者的层级，在互联网环境下可以并发访问数据。这一层级不仅存在着内部对数据库中的数据信息并发控制带来的不确定性，也存在着随时遭到来自外部环境的恶意访问。那么，针对全域资产管理，一般来说，会联合利用大数据安全防护、数据库安全网关、网络数据防泄露和数据安全管理控制平台等多项技术和系统来确保数据库的安全性。

（四）细分安全保护管理控制技术

在对数据库的每一层安全防护中，都需要运用到多种、特定的安全保护技术。比如说，针对用户层安全，也就是终端，可以通过终端防泄露和文档机密技术对核心数据进行保密性、完整性安全控制管理。而针对区域边界安全，可以通过网络防泄露、接口防泄露和应用防泄露来控制数据的防泄露，通过网闸和数据安全交换来实现共享交换。针对计算机环境的安全，可以建立安全防护层，利用数据库的审计、数据脱敏、备份容灾、数据库安全防护和大数据安全防护来实现防护层的安全控制。此外，数据安全管理控制平台也是优化网络数据信息环境安全的方式。

四、数据库安全保护的技术模型

（一）非授权用户对数据库的访问

非授权用户访问数据库的初级控制是通过身份认证来完成的，只有通过数据库安全信息系统中的身份认证，才能以最初级的保护措施防止恶意攻击或者重要的数据信息被窃取。在访问控制执行过程中，通过数据库安全信息系统中的身份认证获得用户的访问时匹配的信息，同时，安全系统对访问用户的身份信息与非授权策略控制规则进行匹配，得到相关信息后，开放只对非授权用户访问的数据库信息。通过常规的数据库身份认证，单独建立非授权用户的身份认证策略，单独进行控制及授权，并通过标记方法，降低硬件资源的消耗。最后，建立一张非授权用户 IP 地址记录表。数据库被访问时先进行验证，如是非授权用户，记录其 IP 地址保存至非授权用户 IP 地址记录表中。同时，非授权用户访问数据库，数据库响应访问请求认证的时候，返回一个请求，发送一个追踪信息包给非授权用户，通过这个信息包标记非授权用户实际地理位置及所处环境。从设计安全模型理论上讲，非授权用户对数据库的访问安全保护，是将数据库的数据信息分级，即合法用户共享数据和全域共享数据，从而保证数据库中核心数据信息的完整性和保密性。并且监控、记录、留痕、追踪非授权用户的 IP，具有防守性和攻击性。

（二）防止缓冲区溢出

1. 强制编写正确的代码的方法

缓冲区溢出是当前网络攻击者进行网络攻击使用频率较高的一种入侵方法。攻击者通过编写大量程序不停地放入缓冲区，直至覆盖原有正确的数据信息，造成数据信息的破坏。编写正确的代码能够很好地避免缓冲溢出问题，但是即使程序员再认真，由于数据库数据信息类型庞杂的特点，也不可能完全避免漏洞的出现。虽然现在一些工具和加密技术可以帮助程序员减少类似的错误，但是这些技术只能够降低缓冲区溢出的概率，并不能从根本上消除溢出。一个大型的程序都不可能完全保证没有漏洞，所以还要采用其他的方式来保证系统的安全可靠性。

2. 阻止攻击者植入攻击代码

利用操作系统的执行使缓冲区停止作用，将缓冲变为不可执行，这种方法可以使很多的缓冲区攻击活动无法进行攻击，从而起到了一定的保护作用。但是黑客也在寻找其他方法进行数据窃取和破坏，很多时候不需要植入攻击代码也可以对系统进行攻击，做到缓冲区溢出。

3. 保护缓冲区

通常还会采用一种方式，就是运用编译器的边界检查来保护缓冲区，这样就不可能出现缓冲区溢出的情况，可以从很大程度上消除缓冲区溢出的攻击，但是采用这种方式防止溢出的代价太大，也不能盲目地使用。

4. 检查完整性

在程序指针失效前进行完整性检查，这种方法虽然不像上一个方法那样有效，但是它能够对大部分的缓冲区溢出的攻击进行阻止，要想逃过这种保护的溢出也不容易实现。缓冲区溢出最常用的方式就是对活动记录进行攻击，然后将攻击代码植入堆栈。在执行堆栈时能够阻止向堆栈中植入代码的一切攻击方式，即为堆栈保护，堆栈保护能够阻止一切导致活动纪录发生改变的攻击方式。这两种方法取长补短，能够同时防御很多潜在的攻击。其他攻击用指针保护的方法一般就能够防卫了，但是在一些特殊的情况下还是要用手动的方式对指针进行保护。全自动的指针保护必须把附加字节加入所有的变量，采用这种方法可以让指针边界检查在一些攻击方式下比较有优势。

（三）入侵检测技术

入侵检测技术能够在一定程度上提高入侵活动的检测率，方便用户及时发现非法活动或访问。它是一种比较高效安全的技术，能够检测到用户和应用程序的非正常活动。近年来，随着计算机技术的发展，入侵检测技术也在安全方面得到了广泛的应用，可以在网络环境下有效地提高数据库的安全性，防止数据泄露造成的损失。

从当前形势来看，应用级入侵后台数据库的现象日益严重，入侵层次越来越深，比较常见的攻击方式有：跨站点脚本攻击、注入以及未经授权的用户访问等。以上所讲的这些入侵活动都能够通过一定的程序来绕过前台的安全系统，威胁数据来源的安全，进而导致数据信息窃取、篡改。“应用安全”就是为了防止上述的这类威胁而产生的。这种“应用安全”技术为了更好地提高安全性而采用操作系统入侵探测系统和传统的网络相结合方法，并把它运用到数据库中。但是它与用于普通的网络或操作系统的应对策略也有很大差异，基于应用级提供安全防护措施是非常主动的，能够及时地监视和保护语句，保护许多自主开发或提前封装的应用程序。比如，可以对重要的数据信息进行及时的保护和监视，采用这种技术后，可以使应用攻击和缓冲区溢出等那些专门针对数据库的攻击方式不能对数据造成真正意义上的危害，通过这种入侵检测技术的应用还能够对操作活动做出检测。

一般意义上说，主机安全和应用安全与网络之间在应用方面还是有很大的差异的。虽然它们在应用方面有很大的差异，但是黑客要攻击的对象却是一致的，也就是要对数据库进行攻击。因为应用一般都会采用相关的程序和数据库来交换信息，所以一个好的应用，既可以解析，同时还是一种可以疏解流量的方式，而且又可以把它和应用分隔开来的安全机制。

一般的应用都是由三个组件组成的。第一个组件是用于主机的传感器或网络。在系统中交换机上的一个端口里与网络传感器里相连的，这个端口的相关配置使它能够及时检测到数据库内的一切流量。与交换机端口不同的是，主机传感器可以直接在应用上发挥作用。传感器能够进行解析收获到的语句，之后判断是否对这个流量发出警报。假如要发出警报，就会把警报传送到下一个组件，也就是第二个组件即控制台服务器。控制台服务器能够及时地对组件信息进行存储。然而它的重点工作是对相关的策略进行配置和升级等。第三个组件是系统管理员用来修改网关配置、及时监视事件的发生以及生成相应的报告的主要功能部件。可以考虑从以下几个方面来设计应用级的入侵检测系统：首先是检测语句的结构。语句结构固定，这一特点让系统在对语句的结构是否发生变化进行检测提供了很好的依据。另外的一大优势是，这种语句结构的固定的特点还可以让系统能够建立出更加严密的规则库，在检测语句结构时，对于非法的语句结构序列能够准确地检测出来。其次还有检测系统行为。只有运行一组结构固定的语句才能完成某项特定的功能，并且语句的执行顺序和数目是不会发生变化的，把这些行为特点进行抽象化就能够产生相应系统行为模式，这样可以达到对行为进行检测的目的。还有检测的操作行为。通常情况下，语句大都由两个组成部分，一是语句的指令部分；另一个是语句操作对应的数据部分。在不同终端的各用户执行相同的任务时，语句所采用的指令部分通常是相同的，然而数据部分却有很大的差距，但是对于不同的用户类型却有一定的规律。检测数据操作行为能够防止一些合法用户妄想对数据库进行越权操作，而导致的信息泄露或篡改。

从上述三个方面可以针对应用级数据库入侵检测系统进行设计，与目前仅对单一的语句检测的方案不同的是此系统设计的检测方法更加全面、精密，能更加准确快速地检测出入侵行为。在此基础上，采用新的策略建立数据库入侵检测，建立新的模式和匹配的方法，能够在很大程度上提高检测的准确率。

五、数据库安全保护系统

（一）数据库安全系统和平台

1. 大数据安全防护系统

互联网环境下，构建大数据安全防护系统，要求数据库中的数据通过加密技术具有脱敏性，并通过对数据梳理进行授权许可分级控制和访问控制，为有效控制数据库安全防护还利用操作审计的技术进行行为跟踪。

2. 数据防泄露系统

数据防泄露系统主要是针对数据库中数据信息的保密性。尤其是对终端核心数据的保护，通常会进行终端泄露监控和阻断的设置。此外，数据防泄露系统还利用数据内容的识别、泄露行为识别和泄露行为审计，来进行网络泄露监控和阻断。存储泄露发现和保护也是对数据库中数据信息的一大安全保护措施。

3. 数据安全交换平台

数据交换平台是为不同数据库、不同数据格式之间，进行数据交换而提供服务的平台，它是要解决在不同信息库间信息数据无法自由转换的问题。这一平台的运用直接影响着数据库中数据的使用功能，因此，数据交换平台的安全性能十分重要。一般来说，用户利用云存储空间存储大量的数据信息，在安全的数据交换平台运行中，就会使用文件权限控制和文件流转审计来支持数据库间的数据信息交互。同时，为了保证交互平台的安全稳定性，还要通过病毒检测和人工交换审核等安全存储和备份方式来进行数据的存取。

4. 数据安全智能管控平台

随着互联网的广泛应用，用户对数据库的数据信息需求越来越广泛和系统，数据安全管控平台就需要对数据库中的数据信息进行分级分类，做好数据的资产分布以及一些敏感数据的分布。同时对这些数据还可以进行血缘性分析，研究数据间的信息链结构和内在处理方式，建立数据信息链，作为安全事件发生的原因分析依据和解决方式策略。做好安全事件的多维分析也是数据的管控平台安全性的技术领域研究方向，当然，这些都要依靠对数据库中的数据信息进行充分的安全风险趋势分析和研究。掌控数据信息安全面临的风险趋势，才能确认管理控制平台的技术应用方向，才能及时升级安全应对措施和策略，才能保证在互联网大数据应用的复杂的外部环境过程中，数据库中的数据信息资源的安全保密性。确保政府机构或企业的核心数据免受破坏或被窃取。

5. 其他保证数据库安全性的技术操作系统

在实际设计和构建一个安全的数据库操作系统环境时，还会根据具体的数据特性进行更加具体细致的技术研究。比如，数据库安全网关，加入数据的表行列策略配置、SQL 语句自学习、超长语句解析、黑名单控制、数据库状态监控以及日志模糊化模块来控制数据库的访问控制和操作控制；数据脱敏系统，包括数据的抽取、数据变形、数据分发、脱敏规则写入、脱敏流程配置和脱敏行为审计来进行数据静态动态的脱敏；文档安全管理系统，利用文档透明加解密、文档细粒度权限、文档离线控制、文档外发控制、操作行为审计以及流程审批来进行文档安全的保护控制；还有备份容灾系统，对数据库中数据信息在处理备份恢复时进行的安全防护，通过重复数据删除、断点续传异地备份和多功能策略备份来实现集中配置管理，以求能够达到支持多种备份类型的最优化安全方案。

（二）数据库安全技术

1. 数据库脱敏

在构建数据库时最常用到的一种基础的数据加密技术就是数据脱敏。也可以叫作数据变形、数据漂白或数据去隐私化。数据脱敏是通过把数据库中的一些敏感数据进行变形，比如说身份证号、手机号、卡号、客户号等个人信息等隐私性很强的数据信息，以求实现安全可靠的保护技术手段。在很多情况下，数据库中的数据信息会涉及客户安全或者商业性的敏感信息，在不违反系统规则条件下，开发者对这些真实数据进行改造、伪装并提供测试使用，就是数据脱敏的技术过程。生活中不乏数据脱敏的例子，比如我们最常见的火车票、电商收货人地址都会对敏感信息做处理，甚至女同志较熟悉的美颜，有些视频中的马赛克都属于脱敏。

数据库的数据脱敏是在数据脱离生产环境下必须进行的技术手段，要求编写的脚本能够快速、高效地在非生产环境下处理大数据量的静态动态数据脱敏。而在生产环境中，也需要动态脱敏技术多数据信息起到安全保护作用。根据客户的内部要求，在系统中，一些核心数据、敏感信息会被进行模糊化处理。根据不同人、不同权限进行数据脱敏返回不同的值。

按照数据库脱敏的规则，通常人们将数据库脱敏分为可恢复性脱敏和不可恢复性脱敏。数据经过脱敏规则的转化后，还再次可以经过某些处理还原出原来的数据，被称为可恢复性脱敏，反之，不可恢复性脱敏，就是指数据库中的数据经过不可恢复性脱敏之后，将无法还原到原来的样子，人们一般情况下还把二者分别看作可逆加密和不可逆加密。

我们目前遇到的场景是日志脱敏，即在把日志中的密码，甚至姓名、身份证号等信息都进行脱敏处理。

比如说，在 User 实体中可以看到的正常数据为“real Name= 刘德华”，经过转换，在“jeon”数据交互格式下看到的是 {“real Name”：“刘德华”}，而进行数据脱敏后，我们就会发现，还是 User 实体中可以看到的正常数据为“real Name= 刘德华”，经过转换，在“jeon”数据交互格式下，就会看到的是 {“real Name”：“刘＊华”}。通过上述的数据，仔细分析就会发现，获得脱敏的数据有两个步骤，就是拿到要输入的数据（user 实体），然后再进行序列化。因此，进行数据库的数据脱敏及时，就要考虑在这两个环节上进行实现。第一种方法就是在将实体数据进行序列化之前，先把需要脱敏的字段进行处理，之后再正常序列化数据信息；第二种方法就是在序列化实体数据的过程中，直接技术处理要脱敏的字段信息。

2. 数据库安全网关

数据库安全网关系统，是一种能够为数据库主动提供实时保护开放性系统模型，提供了黑白名单和例外策略、用户登录控制、用户访问权限控制、综合报表等功能，具有数据库状态监控、数据库审计、数据库风险扫描、虚拟补丁、访问控制等多种引擎，并且具有实时监控数据库访问行为和灵活的告警功能。数据库安全网关可以实时阻断高风险行为，增强数据库的安全性，提高对数据库访问的可控程度。通过详细的审计能力，还能及时有效地发现针对数据库的高风险行为，从维度了解数据库的活动状态，进而判断数据库的运行是否健康。

安全网关是各种技术有机的融合，具有重要且独特的保护作用，其范围从协议级过滤到十分复杂的应用级过滤，是一个开放性的通行系统互联参考模型。安全网关模型一般有物理层、数据链路层、网络层、传输层、会话层、表示层、应用层，一共 7 层结构，每层都可以有几个子层。安全网关在应用层和网络层上面都有防火墙的身影，在第三层上面还能看到 VPN 作用。防火墙这种安全网关作用在第二层。根据七层的级别限制，高等级协议能够掌管低等级协议的原则，安全网关的发展正在走向高等级协议的路线。

数据库安全网关的核心功能就是通过行为操作审计和访问控制，进行高危操作阻断和警告。

3. 数据防泄露

我国许多涉密部门，如军队、军工、政府、金融行业、保险行业、电信行业等，80% 以上的单位使用的应用系统还是国外数据库产品，特别是 Oracle；因此，保证应用系统在高性能、高可用的同时，如何提升数据库中数据信息的安全性，确保关键信息不被泄露、国家利益不受损失已经迫在眉睫。

经过多年的技术发展和实际应用，目前国际上数据库 Oracle 的加密技术相对较多，技术产品也相对成熟。不过，在我国使用环境过程中，依旧面临着很多问题。比如，不能集成国产的加密算法、不符合国家安全政策、不能利用密文索引进行范围查询，造成性能严重下降等问题。所以，Oracle 数据库的加密技术产品在我国还尚未得到有效应用。

国内的数据库安全增强产品往往采用应用层加密存储或者前置代理的技术实现方式。但是，这两种防泄露的安全技术还存在着诸多缺陷。应用层加密方式必须对数据进行加解密，增加编程复杂度，加密后的数据不能作为条件进行检索，同时对于已有的系统无法透明实现应用改造。前置代理技术应用起来必须进行现有程序的改造，使用加密前置代理提供的 API。另外大量的 Oracle 重要特性将无法使用，如存储过程、函数等。

如何具体分析数据库防泄露的安全技术特点，需要纵向对研究目标进行分析。举例来说，从 IT 架构层面分析一个企业的整体应用结构，数据库的安全架构应该涵盖网络安全和终端的安全。一个企业的网络一般会划分安全区域，在安全区域之间的边界，比如公司的内网、外网的出口位置，实施监视和访问控制，做到对网络出口的数据进行抽取并分析，使数据出口可监、可管、可控。而对于终端设备，需要严格地管理和约束终端的用户操作行为。通过终端安装的应用，采用技术手段有效地对客户要发送的邮件、文件内容、移动存储、文件外发、扫描打印等行为进行全智能的行为审计和监控等功能，并实现对终端监控结果的统一上报及管理。目前通常用到的有网络防泄露系统，主要针对网络监控和网络阻止的事件，集中进行数据安全监控、处置、审计和分析。还有终端数据防泄露系统，通过发现、识别、监控计算机终端的敏感数据，发现敏感数据的不合法使用、发送等，增强数据库数据信息的完整性，防止数据信息资源遭到泄露和破坏。

4. 数据安全备份

系统出现操作失误或故障会导致数据丢失，为了防止这种安全事件的发生，可以将全部或部分数据集合从应用主机的硬盘或阵列复制到其他的存储介质，这个过程叫作数据备份。数据备份是容灾的基础。我们可以简单了解几种常用的系统数据库备份策略。

第一种就是自动备份。这种备份策略是利用系统提供的定时进程或备份软件自动进行数据的备份，对于大数据量、操作更新数据信息频繁的 OA 系统非常适合应用，但是同时需要备份软件的额外购置。

第二种是人工手动备份。人工手动备份是由人工操作的一种备份方式，适合数据更新频率低，或者数据量不是很大，而且备份操作时间较短的系统备份。人工手动备份也是一种应激性的系统数据备份策略。

第三种是数据库集群技术。目前，数据库集群技术不仅能够很好地解决数据库备份的问题，同时也解决了系统对数据库实施访问的问题，这种在多台硬件服务器上安装多套数据库系统，并采用集群技术使数据库服务器之间实现数据同步的技术，通常使用在对于实时性要求非常高的系统运行过程中。在数据库集群环境中，当其中某台数据库服务器不可访问时，集群中的其他数据库服务仍然可以正常访问，系统不会因为一台数据库服务器的不可访问而中断运行。这种数据库备份策略由于投入的成本比较高，一般用于对实时访问要求高的OA系统。

第四种数据库备份通常被叫作冷热备份。所谓热备份是指在OA系统服务不停止的情况下进行的数据备份；相反，在OA系统服务停止的情况下进行的数据备份被称为冷备份。传统的数据备份主要就是采用内置或外置的磁带机进行冷备份。但是这种方式只能防止操作失误等人为故障，而且其恢复时间也很长。

随着技术的不断发展、数据的海量增加，不少的企业开始采用网络备份。网络备份一般通过专业的数据存储管理软件结合相应的硬件和存储设备来实现。数据库备份策略可以单独使用，也可组合使用，如人工手动备份结合自动备份，数据库集群备份也可以结合异地备份。

第四节　数据库的多级安全问题

一、数据库的多级安全问题

数据库的多级安全问题是顺应互联网大数据的发展应运而生的，伴随着信息技术的高速发展，特别是计算机网络技术的飞速发展，作为应用主要基础的数据信息的安全显得更加尤为重要。担负着大量的数据信息资源存储、共享等使命的数据库安全管理系统，近几年成为犯罪分子和黑客的主要攻击目标。所以，数据库的安全管理在整个网络信息安全中的重要性也就不言而喻了。

数据库的安全仅仅通过硬件保护是很难做到详尽保障的，面对那些未经授权的非法访问、修改数据库信息、窃取数据或使数据失去真实性、可用性的网络入侵，数据库的安全保障还要必须采取必要的软件技术进行保护。

20世纪80年代，国际上就陆续颁布了各项数据库安全标准，例如，《可信计算机系统评价标准》《可信计算机系统评估标准关于可信数据库系统的解释》，我国于1999年颁布了《计算机信息系统安全保护等级划分准则》。在这些安全标准中规定，在对于安全性要求较高的系统当中，数据库需要将数据信息根据数据敏感程度分配相应的密级标签，已达到要实现强制的访问控制。这种能够实现强制访问控制的数据库安全管理系统，被称为多级安全数据库管理系统，即 MLS/DBMS（Multilevel Secure Database Management System）。

目前国际上通用的多级数据库安全管理系统虽然能够有效地防止非授权用户直接获取敏感信息，但是其“向上写”的措施策略存在的安全缺陷也极易被入侵者利用。而且，多级数据库安全管理系统利用在数据信息插入时进行密级分配，这对于单级数据库系统想要扩展成多级安全数据库系统的情况就显然很不适用。而在事务处理方面，这类多级数据库安全系统只能支持单级事务，对多级事务的安全系统的使用价值还需要更多的研究探讨。

对多级数据库管理系统的理论模型研究，人们从 20 世纪 70 年代就已开始。主要研究方向放在了多级数据库管理系统的体系结构、安全模型、密级分配和多实例的处理方法。此外，对数据库中数据信息完整性问题、推理问题、多级安全环境下的事务处理、隐秘通道分析与处理以及入侵检测系统等都展开了细致的研究和开发。

二、数据库安全分级管理

（一）数据分类与分级

人们将数据库中的数据信息通过数据血缘分析、数据类型等进行等级划分、同类项组合，对其安全属性进行赋值，从而为日后的数据库安全解决方案及安全保护措施的构建提供技术依据。

把数据库中的数据信息按照其价值属性和存在特点，以及有可能面临的安全威胁和安全控制需求的要求程度进行科学分级、分类，不仅能够为数据信息的安全风险评估及数据信息资源的安全解决方案的构建提供充分的技术基础，还能够在投入的成本上进行一定的控制。

数据信息一般分为绝密、机密、秘密和公开四种类型，如必须使用 AES256 加密绝密级数据，安全治理小组审批才能访问和使用绝密级数据；必须使用 AES256 为机密级数据进行加密，访问和使用需要 CTO 审批；秘密级别数据除了必须使用 AES256 加密之外，访问和使用需要部门负责人审批；对于公开数据的使用可以进行明文存储，访问和使用需要直属领导审批即可。很明显，超过公开级别的数据都是敏感数据，它们具有不同的价值，组织需要采取不同的额外投入和特定策略等来管理数据，规避因敏感信息的未经授权访问给组织造成重大损失的可能。

总之，整体的多级数据库安全管理策略的构建和运维，应当遵循“三分技术、七分管理、细节把控、管理先行”的总体要求，这是落实管理思维的关键基础和依据。

（二）数据分级建议

1. 数据信息按照关系分类

多级数据库中的数据，顾名思义，是由于数据信息的属性和特征各有不同，根据这一数据信息特点，按照一定的电子信息序列化的原则和方法进行区分和归类，组建起一套分类体系和排列顺序，以便能够安全稳定地管理和使用组织数据信息。

一般来说，根据一个数据库的数据信息资源的来源、数据内容价值以及数据管理使用用途可以进行数据的分类，组建一定的分类体系。

2. 数据信息按特性分级

多级数据库的分级一般可以按照既定的分级原则，对已经分类后的数据信息进行密级分配。这是一种可以给数据库提供开放和共享安全策略制定的技术支撑的过程。

一般来说，按照数据库中数据信息的价值、数据的核心敏感程度以及数据信息涉及影响的范围，通常分为四个密级，绝密级、机密级、秘密级和公开级。其中，公开级又可以分为内部公开和外部公开。内部公开是指非公共披露的信息，如工作手册、组织结构图、员工信息等。外部公开指可以自由公开的数据，如对外的销售价目信息、市场营销材料或者部分联系信息等。

（三）数据分级的必要性

数据库的数据分类分级将数据信息的安全性融入了数据的价值中，并确保了数据使用的有效性和安全性。将数据库中的数据进行密级分配和信息分类的技术过程，已经成为当前数据治理和数据安全的核心技术手段。

在一个社会团体或组织中，都需要进行数据的安全治理，而无论是业务部门或者是技术部门在开展工作时，都必须强调数据信息的准确性、可靠性。也就是说，数据库中的数据信息资源必须安全有保障，数据信息不能遭受到污染和破坏。信息资源不能混乱无章，逻辑杂乱。

要想实现以上的数据信息安全性目标，在纷杂的互联网大数据环境中，就需要多级数据库安全模式来对数据资产进行梳理，按照一定的分级原则建立一个整体的数据信息标准体系。通过这些技术手段，增强数据信息的质量管理和控制。

除此之外，数据信息的保密性和完整性贯穿着整个数据库的安全管理系统。安全合规部门或者是工作开展单位都不遗余力地持续进行着数据库的数据安全治理。这里，同样普遍应用多级数据库安全管理策略来保障数据的安全性。不管是从数据风险分析角度考虑，还是从数据安全体系的整体性衡量，或者是从应用的数据安全措施手段研究，多级数据库安全管理模式目前都能较高效率地防御数据信息受到的勒索、篡改和泄露等威胁或攻击。

三、多级数据库安全策略制定理论

（一）设计多级数据库安全策略的场景分析

数据库的开发者在制定一个安全的多级数据库管理系统时，首先需要进行客户的数据场景分析。也就是说对特定的数据库的数据信息要有充分的外部环境考量和需求设定。例如，客户的等级分配，核心人员、一般操作人员、全域性使用者等。对客户进行等级分配直接关系到数据库中数据信息的密级分配。再比如，应用数据库的网络环境，是在移动互联网环境，还是互联网或是企业内部网。还有通过数据库的使用需要实现的具体数据信息使用功能有哪些？例如，账号维护、权限调整、数据输入、数据查询、报表统计、数据下载以及批量导出等。最后，还要分析数据所有者的数据类型，比如说生产数据、办公数据、管理数据或是统计数据等不同数据信息内容类型的数据库。以上所述的几点，通常都被作为设计和构建数据库安全管理系统的基础材料依据。

基于对以上客户信息的充分分析，在制定安全的多级数据库管理策略时就会在几大方面进行多项软件技术和硬件措施的联合运用。这几大方面，一般说来，有数据分类等级、数据分布位置、数据访问权限、数据传输途径、数据操作审计以及数据备份与恢复。这几方面在保障数据库的安全性上相辅相成，利用不违反系统规则的加密技术，有效地防止非授权用户的访问，保障数据信息的保密性和完整性。

（二）多级数据库安全管理策略的组织建设

对多级数据库安全管理系统的建立就是为了针对那些对数据信息具有较高保密要求的操作系统的安全保障防护。因此，在进行多级数据库安全管理策略制定的同时，对进行数据库开发、测试、管理各个环节的参与者进行组织建设也是非常有必要的。对于构建数据库的安全管理策略的参与者来说，首先应该明确数据安全管理的最高一级负责小组，这一层级一般由企业负责人、业务及技术部门负责人共同参与，进行数据决策和授权。其次，还要授权指派具体的数据安全负责人，组织能够开展高效管理的管理团队，可以对数据库的安全管理策略进行实时指导和监督；最后，如果要进行稳定的数据库安全运行和使用，那么吸收具有领域内技术水准的工程人员组建执行团队，来负责数据库的安全运营，并及时与参与数据库共享的员工或者合作伙伴协商、沟通，处理事务。此外单独于整个纵向组织结构的监督人员还可以对整个流程进行行为审计。

在整个多级数据库安全管理系统中，组织的管理规范，包括方针、管理办法、流程规范指南和日志都是确保数据库安全性的管理依据。构建一个安全的多级数据库系统既要有相关的法律法规、安全标准、监管要求和行业规范进行合规性要求的梳理。还要有数据流向、业务特性或关系以及安全偏好等来进行业务需求的梳理。同时，对多级数据库安全管理策略有可能面临的入侵威胁的源头也要进行分析，如主要安全事件的发生及影响。

总之，要构建完善的多级数据库安全管理系统，不仅要充分做好组织建设，还要注重管理建设。

第五节　数据备份与恢复技术

一、数据备份

（一）数据备份的理论基础

数据是数据库中最重要的部分，如果因为各种意外发生数据丢失或损坏就会给数据库与应用带来灾难性的影响，严重时直接导致应用无法运行。因此，人们需要定时对数据库中的数据信息进行备份，这样就可以防止因为安全意外发生的系统数据损失。

数据库备份是对数据库中的数据进行有效保护的一种方法，对于 My SQL 数据库来讲，它对数据库中的表进行检查和维护时可以通过以下几个步骤来完成：首先是表的检查工作，我们需要对出现错误的表进行排查工作，如果排查工作成功通过，那么我们对表的查验工作就算是顺利完成。如果排查结果不顺利，我们就需要采取一些方法手段来修复表。在对错误表修复之前，我们应该首先把表内容拷贝出来，存储在备份机上，这样就可以防止数据的丢失。然后，我们就可以大胆地对错误表进行修复工作。如果对表的修复工作失败了，我们就要根据数据库的日志文件和先前的备份数据逐步对数据库表进行修复。这一步的工作是建立在数据库日志已经进行了更新以及备份数据完整的前提条件之下的。否则 MY SQL 数据库就可能面临危险。MY SQL 中的 dump 程序可以对数据进行备份。不过采用 dump 程序进行数据库备份需要在 MYSQL 服务器共同运行的基础上进行。而在备份过程中用户也要注意定期进行备份，注意保存的数量以及日志文件循环的程度等。如果在备份进展过程中发生故障，那么对表进行修改的结果会随之消失。但用户可以通过更新日志的内容对数据进行恢复。

（二）数据备份常见类型

1. 完全备份

这是最常使用的一种备份方式，这种方式是将整个数据库的内容一次性进行备份，这样一来，就会花费较多的时间，并占用比较大的空间，所以并不适合频繁使用备份的数据库使用。

2. 增量备份

只备份从上次备份后改变的数据库内容的过程叫作增量备份，这种备份方式所需的时间较短，对系统空间的占用也非常小，非常适合通常使用。

3. 事务日志备份

事务日志的备份过程是记录数据库中的变化的一种实时过程，此种备份方式使用事务日志，对数据库的改变进行备份，备份花费的时间与占用的空间小，比较适合较频繁备份使用。

4. 文件备份

数据库的数据经常存储在许多不同文件之中，当数据库比较庞大的时候，就可以使用文件备份这种备份方式。文件备份针对文件来分为几个不同的时间段备份数据库文件，一般 Web 应用对应的数据库不会达到十分复杂庞大的这个程度，所以不常用这种备份方式。

MYSQL 数据库的 dump 命令可以将数据库中数据存储到文件中，以供数据库出现问题时对数据库管理系统进行恢复。此种备份一般用于完全备份，运行起来比较耗时，而且生成的文件也会较大。MYSQL 同时还提供 BINLOG 命令记录二进制日志，通过以上两个命令的结合运用可以实现完全备份与增量备份结合使用的效果，这样在平日备份时可以大大减少备份时间与备份文件的大小，同时也不会在恢复数据时丢失上次完全备份后的所有数据。

二、数据库恢复

（一）数据库恢复的理论基础

所有数据恢复的方法都基于数据备份。对于一些相对简单的数据库来说，每隔一段时间做个数据库备份就足够了，但是对于一个繁忙的大型数据库应用系统而言，只有备份是远远不够的，还需要其他方法的配合。恢复机制的核心是保持一个运行日志，记录每个事务的关键操作信息，比如更新操作的数据改前值和改后值。事务顺利执行完毕，称之为提交。发生故障时数据未执行完，恢复时就要滚回事务。滚回就是把做过的更新取消。取消更新的方法就是从日志拿出数据的改前值，写回到数据库里去。提交表示数据库成功进入新的完整状态，滚回意味着把数据库恢复到故障发生前的完整状态。

在制定数据库备份时一般会从以下几个方面进行考量：一是备份数据的保存周期。如每次备份保留 30 天，这样可以确保 30 天内的数据库中的数据得到恢复。二是备份的版本类型。比如某个应用生成的数据存放在某个固定文件夹内，这个文件夹内的数据每天都会发生变化，此时为了数据能完整恢复，除了考虑备份保留周期，还要考虑备份数据的保留版本。如果数据每天都有产生和删除的事务，数据按照每天备份 1 次，只保留 2 个版本，但是此时要做 3 天前的数据恢复，就不能保证备份数据的有效恢复了。三是备份的类型和备份的频率。比如数据库的全备、增量和归档备份，多久备份一次数据，等等。通过对数据库备份策略的分析，人们可以研究制定相应的数据库恢复策略。

（二）数据库数据恢复的解决办法

病毒带来的数据破坏，比如分区表破坏、数据覆盖等，像 CIH 病毒破坏的硬盘，其分区表已被彻底改写，用 A 盘启动也无法找到硬盘。这种破坏症状往往不可预见。而且由此病毒破坏硬盘数据的症状也不好描述，基本上大部分的数据损坏情况都有可能是病毒引起的，所以最稳妥的方法还是安装一个优秀的病毒防火墙。由于病毒破坏硬盘数据的方法各异，恢复的方案就需要对症下药。以 CIH 为例，因为它最普遍，也最容易判断。当用户的硬盘数据一旦被 CIH 病毒破坏后，使用 KV3000 的 F10 功能，可以进行修复。修复的程度：C 盘容量为 2.1 G 以上，原 FAT 表是 32 位的，C 分区的修复率为 98%，D，E，F 等分区的修复率为 99%，配合手工 C，D，E，F 等分区的修复率为 100%。硬盘容量为 2.1 G 以下，原 FAT 表是 16 位的，C 分区的修复率为 0%，D，E，F 等分区的修复率为 99%，配合手工 D，E，F 盘的修复率为 100%。因为原 C 盘是 16 位的短 FAT 表，所以C盘的FAT表和根目录下的文件目录都被CIH病毒乱码覆盖了。KV3000可以把C盘找回来，虽然根目录的文件名字已被病毒乱码覆盖看不到了，但文件的内容影像还存储在C盘内的某些扇区上。推荐用KV3000找回C盘，再用文件修复软件TIRAMISU.EXE可将C盘内的部分文件影像找回来，如果原存放文件影像的簇是相连的，找回的文件就完整无损。但对于FAT16的C盘是不是中了CIH就没救呢？还是可以尝试一下FIXMBR，它可以通过全盘搜索，决定硬盘分区，并重新构造主引导扇区。病毒破坏硬盘的方式在实际应用过程中有太多种类型，而且大部分破坏都无法用一般软件轻易恢复。

数据损坏中除了物理损坏之外最严重的一种灾难性破坏就是分区表破坏，引发这种损坏的原因有几方面：人为的错误操作将分区删除，但是只要没有进行其他的操作就完全可以恢复。还有就是安装多系统引导软件或者采用第三方分区工具引发的分区表损坏。除此以外，利用Ghost克隆分区硬盘破坏，这种情况只可以部分恢复或者不能恢复。针对以上损坏情况的恢复，首先是要重建MBR代码区，再根据情况修正分区表。修正分区表的基本思路是查找以55AA为结束的扇区，再根据扇区结构和后面是否有FAT等情况判定是否为分区表，最后经过计算填回主分区表，由于需要计算，过程比较烦琐。如果文件仍然无法读取，要考虑用Tiramint等工具进行修复。如果在FAT表彻底崩溃，恢复某个指定文件，可以用Disk Edit或Debug查找已知信息。比如文件为文本，文件中包含"软件狗"，那么我们就要把它们转换为内码CEDBCFEB9B7进行查找。

一般来说，删除文件仅仅是把文件的首字节，改为E5H，而并不破坏文件本身，因此通常的文件丢失、误格式化的情况是可以恢复的。但对不连续文件要恢复文件链，而由于手工交叉恢复，这对一般计算机用户来说并不容易。而如果遇到文件损坏，通常恢复损坏的文件就必须要清楚地了解文件的结构，但这并不是很容易的事情，而这方面的工具也不多。不过，如果文件的字节正常，那么不能正常打开往往是文件头损坏。或遇到文件加密后，遗忘了密码的情况，如果是很多字处理软件的文件加密或者是ZIP等压缩包的加密，就不能靠加密逆过程来完成恢复。一般都是用一个大字典集中的数据循环用相同算法加密后与密码的密文匹配，直到一致时就验证找到了密码。

第四章 现代防火墙与入侵检测技术

随着互联网的不断普及和信息技术的持续深入发展，网络环境中遭受的安全问题也随之加剧，防火墙保障网络正常运行以及网络环境安全的重要作用。由于新兴技术的不断更新，使得防火墙也面临很大的安全威胁。入侵检测技术是一种实现网络安全的重要技术，广泛应用于检测网络中的恶意访问和入侵攻击。本章分为防火墙的概念与作用、防火墙的分类与特点、防火墙基本技术、防火墙技术的几个新方向、防火墙的体系结构、入侵检测的分类与方法、入侵检测基本技术、入侵检测的分析及发展八个部分。主要包括防火墙的概念、分类、特点及防火墙技术，入侵检测概念、分类、方法及技术等内容。

第一节 防火墙的概念与作用

一、防火墙概述

（一）防火墙的概念

防火墙，即凭借计算机软硬件设备来进行工作，对网络中存在的不安全因素加以屏蔽或隔离，防止不法分子的病毒文件入侵电脑的一种程序。一般来说防火墙是通过对本机的计算机网络数据进行监控分析，进而进行控制，将大多数病毒文件与计算机数据相隔离。从而保证本机信息的保密性与安全性。防火墙的主要工作范围包括网络监测、过滤与 IP 转换等，通过这一系列手段对计算机数据安全进行保证。

从逻辑概念来理解，可以看出来防火墙具有分离网络、限制网络和分析网络安全应用的功能，也就是说防火墙能够有效地监控网络内部和外部之间的任何活动，还能有效保障网络内部的安全。防火墙概念示意图如图 4-1 所示。

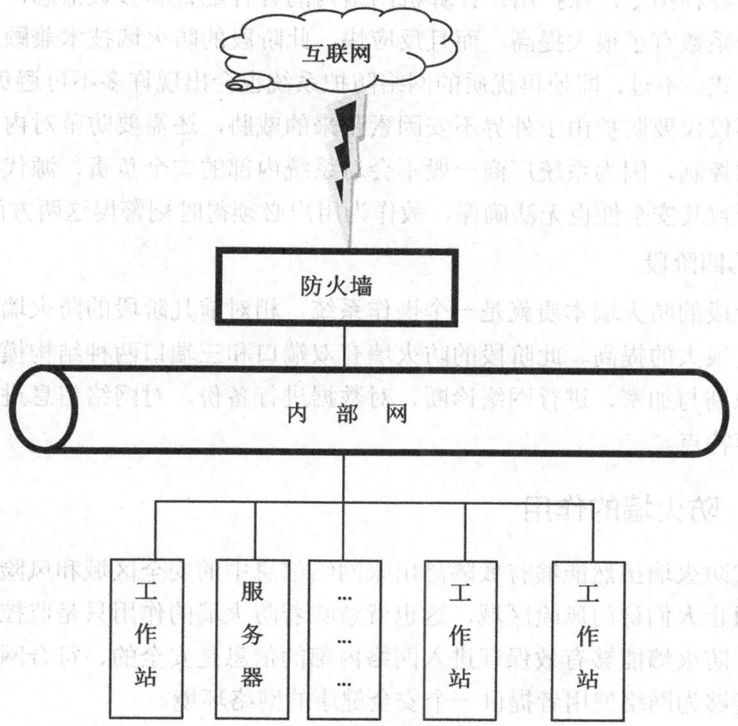

图 4-1　防火墙概念示意图

（二）防火墙发展历程

防火墙的发展历程可以分为四个阶段。

1. 第一阶段

此阶段的防火墙相似于路由器，它基本能自我判断是否将收到的信息进行转发，但是不能识别出该信息是从哪里发出以及要传送到哪里。

2. 第二阶段

此阶段的防火墙属于用户自我控制防火墙，用户可以根据自己日常需要来自行设计防火墙，这一类防火墙针对性强，安全性也有所提高，所需金额也略有下降，但是由于此类软件属于纯软件产品，故在各个方面对网络管理者来说都有很高的要求，出现问题的概率也很高，使得修复速度和安全性都有所下降。

3. 第三阶段

此阶段的防火墙在目前的市场上很畅销，很受用户喜爱。它能监控各类数据，洞察各种指令，保护用户计算机网络内的各种配置和参数信息，对信息网络的安全系数有了很大提高，而且反应快。此阶段的防火墙技术兼顾软件和硬件两种方式。不过，即使再优质的网络防护系统也会出现许多不可避免的问题。防火墙不仅仅要防护由于外界不安因素带来的威胁，还需要防范对内部来自系统厂商的控制，因为系统厂商一般不会对系统内部的安全负责，源代码对外不予透露导致其安全性也无法确保，故作为用户必须得时刻警惕这两方面。

4．第四阶段

此阶段的防火墙本质就是一个操作系统，相对前几阶段的防火墙而言安全性能有了很大的提高。此阶段的防火墙有双端口和三端口两种结构模式。它具有用户识别与加密、进行网络诊断、对数据进行备份、对网络信息进行多级过滤筛查等特点。

二、防火墙的作用

现代防火墙虽然能够有效隔离出来网络信息中的安全区域和风险区域，但是不能阻止人们访问风险区域，这也就意味着防火墙的作用只是监控网络信息的进出，防火墙能够有效保证进入网络内部的信息是安全的、符合网络信息规则的，能够为网络使用者提供一个安全健康的网络环境。

在网络信息安全中防火墙是一种常用的方法，人们通过各种形式的防火墙保护各自的网络信息安全，这也是网络中防范黑客最安全、最有效、最严密的一种方法，防火墙遍布各网络的服务器。

（一）防火墙的原理

防火墙是由Check Point创立者什维德（Gil Shwed）于1993年发明并引入国际互联网，防火墙作为一种高级访问控制设备是内部与外部网络之间的屏障，通常按照预先定义好的规则或策略来控制数据包的进出，一般是作为内部系统安全域的首要防线。防火墙主要部署在不同安全域之间，具备网络访问控制及过滤、应用层协议分析、控制及内容检测等功能，能够适用于IPv4和IPv6不同网络环境的安全产品。如同在网络数据包传输的过程中设立的一个虚拟的墙一样，防火墙用来隔离内外网络，外部恶意威胁的攻击无法直接攻击内部服务或者内部网络，从而有效提高内部用户系统及信息的完整性。一般意义上来说防火墙既可以是硬件设备又可以是软件系统，如个人电脑防火墙，但更为普遍的是网络设备中的防火墙。

（二）防火墙的作用

防火墙基本功能之一是隔离网络，根据不同区域功能和作用，将网络划分成不同的网段，制定出不同区域之间的进出策略来控制不同信任程度区域间传送的数据流。外部互联网网络环境视作不可信任的区域，内部用户网络则是可信区域，避免了同互联网网络直联。但由于网络技术和应用不断发展，一方面防火墙功能性和适用性不断增强，如入侵检测、深度包检测、代理、防病毒等技术；另一方面随着网络攻击的不断增多，防火墙的安全威胁也在不断增加。因此在网络信息安全中防火墙的作用有如下几个方面。

①没有授权的网络用户经过防火墙的使用限制是不能登录网络内部的，这样就可以过滤掉网络中不安全的服务，也限制了网络非法用户。

②防火墙还可以有效保护网络的防御设施，防止网络入侵者接近，还能检测出网络攻击并进行报警。

③对于网络内部的用户，防火墙可以识别出特殊站点的访问权限。

④防火墙还能够记录网络内部和外部进出信息的情况，保证网络信息安全运行并提供方便。

（三）防火墙基础功能

防火墙作为一种高级的管理和控制设备，不仅能根据预置的安全规则和约束对进出网络的行为进行管控，而且根据当前现行防火墙标准规定，需具备以下基础功能。

①包过滤。主要能够对协议类型和源地址、目的 IP 地址、源端口和目的端口五元组对网络数据流的进行管控和分析。

② NAT 转换。通过地址转换隐藏内部网络结构，也能避免内部网络相关信息直接暴露在公网下。

③状态检测。具有基于状态连接并通过规则状态表进行管控。

④安全审计功能。能够记录运行日志以及记录事件等功能，以待后续进行审计。

⑤应用层协议控制。能够具备识别并支持管理多种应用，包含常见的 HTTP、FTP、TELNET、SM、TP 等协议。

防火墙自身功能在不断丰富和增加的过程中，其应用形式和部署方式也随着网络的发展而不断完善。

网络防火墙只对存在网络访问的那部分应用程序进行监控。利用网络防火墙，可以有效地管理用户系统的网络应用，同时保护系统不被各种非法的网络攻击所伤害。网络防火墙的主要功能是预防黑客入侵，防止木马盗取机密信息。病毒防火墙是一种反病毒软件，主要功能是查杀本地病毒、木马。

（四）防火墙的应用

1. 防火墙的应用形式

防火墙通常是位于内外网的边界，因此常见的应用形式包括透明模式、路由模式以及综合模式，通过不同的防火墙应用模式，能够在一定程度上满足不同环境下众多用户的需要。在透明模式下防火墙端口都充当网络交换口，同一网段下的数据包可直接转发，此外也提供桥接功能。路由模式下将首先替换数据包的源目的物理地址，让不同网段下的主机能够实现通信。该模式适用于每个区域都不在同一个网段情况。综合模式则是两种的结合，某些端口可以直接进行网络直连，另一些端口则需要路由交换，一般来说综合模式都是使用在需求较多的场景下。防火墙的应用部署模式都是结合当地的实际情况，因地制宜地设置或者应用相应的模式，任何一种模式都存在一定的局限性和优势。如果防火墙自身被非授权访问甚至被操控，那么访问控制则是形同虚设，不仅无法满足用户的安全需求，而且无法保障用户网络的安全。这就关系到防火墙如何保障自身安全，在充分保证自身安全性的前提条件下，才能为内部网络保驾护航。

2. 防火墙技术应用于网络安全工作

一方面，由于其网络保护能力强，能够在尚不明确攻击者及其攻击行为的时候，就提前预置安全防护系统对一些攻击行为加以阻止，对网络系统进行实时保护，有效地减少了入侵网络系统的攻击行为，强化了网络整体的安全性与网络系统的服务性能；另一方面，由于目前针对计算机网络进行的攻击活动较为多样化，因此其网络安全问题也比较复杂，但是防火墙技术能够主动识别网络攻击的方式及路径，这样就能够更有效地掌握攻击者与攻击行为的具体数据，进行更准确的分析并制定更有针对性的防护与处理措施。这一技术决定了防火墙技术处于一个不断自我升级的状态，可以通过病毒的强化来对自身防护能力进行强化，更能够适应世界网络环境变化，更有力地为保障计算机网络安全作出贡献。

随着当前安全需要的持续增长，防火墙也从传统的包过滤方法朝着下一代新技术不断发展，更多的人工智能、风险分析技术也将集成到防火墙中去，防火墙也会更加智能可靠。

第二节　防火墙的分类与特点

一、防火墙的分类

防火墙可以按照不同的方式区分出不同的类别，如表 4-1 所示。

表 4-1　防火墙的分类

分类方法		特点
物理实体	软件防火墙	需要特定的计算机操作系统和特定的计算机，并做好配置，是整个网络的“个人防火墙”
	硬件防火墙	基于计算机架构上并受到操作系统影响的专用防火墙。硬件防火墙具备多个扩展端口：内网口、外网口、配置口、管理端口等
	芯片级防火墙	使用专用操作系统的专门硬件平台，此类防火墙处理能力、速度和性能更强、更快、更高，且其漏洞较少
技术发展	包过滤	最为简单的一种防火墙技术，主要根据预置安全策略和相关规则配置对经过防火墙的网络数据包进行过滤筛查；筛选对象主要是数据包源 IP、目的 IP、传输协议类型以及端口等基础网络信息；防火墙的过滤规则是通过预置的访问控制表（ACL）来实现
	应用代理	代理技术出现之后才得以实现，主要由通过代理来实现内外网络的数据传递和转发，并且能够通过代理服务器进行更为严密复杂的访问管控和应用协议解析，能够提供更加完备的审计信息，方便后续的审计和取证分析
	状态检测	在包过滤的基础上进行扩展，通过监控网络会话的状态变化，以及建立状态连接表来对每会话进行控制
	综合型	主要多种功能叠加而成，如 DPI、VPN
	下一代 NGFW	以更高的应用识别速度、更好内容审查和异常检测速度为标志，通过更加完善的安全技术来实现安全性
结构	单一主机	结构类似于一台普通的计算机，但有集成两个以上的以太网卡，所使用的基本程序存储在硬盘中，具备高稳定性、实用性、系统吞吐性能，但是价格昂贵
	路由器集成	路由器具备了防火墙功能
	分布式	由多个软件和硬件组成操作系统的防火墙，便于保护网络中的每一台主机，兼具网卡和防火墙的多功能，保护内部网络
部署位置	边界防火墙	隔离内部网络和外部网络，具有较好的性能但价格高
	个人防火墙	防护单台主机，价格低且性能差
	混合式防火墙	分布于内部网络和外部网络中的若干软件和硬件组件，过滤网络内外的通信，性能好且价格高

续表

分类方法		特点
操作系统	第一代	一些具有了数据转发和访问控制功能的网络设备，后来随着网络安全域隔离需求的不断增加，各种功能和技术也被慢慢集成到防火墙系统
	第二代	主动把访问控制和各种相关功能组合起来，形成了一个有效的功能集
	第三代	从 Linux 演化而来的具有操作系统的一种独立设备
	智能防火墙	重视系统安全，有各自的安全系统，同时也有 Zentyal、Clear Os、IP Fire 等开源防火墙涵盖 Linux、Windows 端，与商用防火墙共存，并且集中型、分布型、特殊化与通用防火墙同时存在
性能	百兆级	防火墙的通道宽带由百兆级上升到千兆级，防火墙的性能也越来越高
	千兆级	

二、防火墙的特点

（一）防火墙的特性

作为保护网络安全不受侵害的主要防御武器，防火墙日趋受到人们的重视与使用，它是目前被广泛采用的保护企业网络系统不受外来因素攻击与侵入的强有力的武器，它能基本保证流入的信息安全可靠，不会损坏系统。防火墙可以对流入的信息数据包进行读取分析，再进行检测筛选，最后将合法安全的数据信息传入网络系统供企业使用，而非法、安全度低的数据便被防火墙阻止拦截，不予通过。对于数据包的处理过程是其中最基本的部分，整个过程是防火墙的管理人员根据原先的安全策略而制定的过滤规则。

一个好的防火墙系统要保证网络内部和外部传输的数据安全地通过防火墙检测，这些网络数据要被授权且具有合法的身份；防火墙要能抵御各种不良攻击，具有预防入侵的功能；人机界面良好，用户配置能够方便快捷地使用，且便于网络管理。

（二）优点

1. 强化安全策略

防火墙在网络信息安全中能防止用户对网络的攻击，对于网络上海量的信息进出，能够强化执行网络系统中规定的安全策略，保证通过网络的信息合规化，防止对网络的恶意攻击。

2. 有效记录网络活动

网络用户在网络上进行的活动、用户信息都会经过防火墙的考验，防火墙能够有效地记录下来并形成有效数据，从而有效地保护在网络内部和外部发生的安全、不安全的各种网络事件。同时防火墙也是一个检查站，拒绝所有可疑的访问，保证网络信息的安全。

（三）缺点

1. 不能防范恶意内部用户

网络内部用户在进行网络信息传输中，防火墙可以禁止其对机密信息的发送，但是网络用户可以通过计算机硬件比如U盘将有用的数据复制过来。这是因为防火墙不能防范恶意内部用户进入防火墙内部并进行数据窃取、硬件破坏和软件入侵，防火墙对于此类活动也是无法防止的。

2. 不能防范不通过防火墙的连接

防火墙的作用是有效防范通过其的网络信息，但是对于不通过防火墙的连接信息就不能进行有效防范。如果网络站点允许对防火墙后面的内部系统进行拨号访问，防火墙就不能阻止入侵者进行拨号入侵。

3. 不能防范全部的威胁和病毒

对于不断升级的网络威胁和网络病毒，防火墙只能防范已知的、被写入规则的网络威胁，甚至防火墙技术经过不断的性能改良也可以用来防范新出现的威胁和病毒。无论多么安全的防火墙设置，也不能自动防范全部的威胁和病毒，尤其是从网络威胁和计算机病毒。

伴随社会的发展，人们对网络安全的觉悟让人欣慰，大家渐渐懂得用防火墙保护自己的隐私，然而由于黑客们的肆意侵入、木马病毒等对网络进行攻击的事件屡见不鲜。要维护网络信息安全，单靠防火墙安全技术手段是远远不够的，随着网络攻击手段和攻击技术的不断升级，现代防火墙的防御技术也要不断地更新。

第三节 防火墙基本技术

一、包过滤防火墙技术

防火墙是存在于不同网络之间的驿站，是所有信息数据出入网络端口的唯一的大门，通过改变限制防火墙的数据流，可以对不同的网络进行关闭或打开，控制其内部系统运行。有选择地选取想要获取的信息，成为一道保护网络系统安全的屏障。

包过滤防火墙是存在于 Linux 内核路由之上的一种防干扰的防火墙，它内设过滤条件，流经它的数据包只有满足所设定的过滤条件才允许通过使用，否则会被摈弃，不允许通过。

包过滤属于最简单但也最直接的一种防护方式，它并不是针对某一些网络站点进行工作的，而是面向所有网络系统进行安全维护。此类防火墙存在于大部分的路由器中，因而价格会比较低廉。此类路由器被称为过滤路由器。属于日常经常会被使用上的一种防火墙，虽然简单，但是可以确保大多数企业、家庭系统信息网络的安全性。

通过总结包过滤性防火墙的特点我们发现，这种防火墙技术对于不同的单个网络数据包都有不同的处理方式，一种是简单型的，还有一种是状态检测型的。防火墙工作原理如图 4-2 所示。

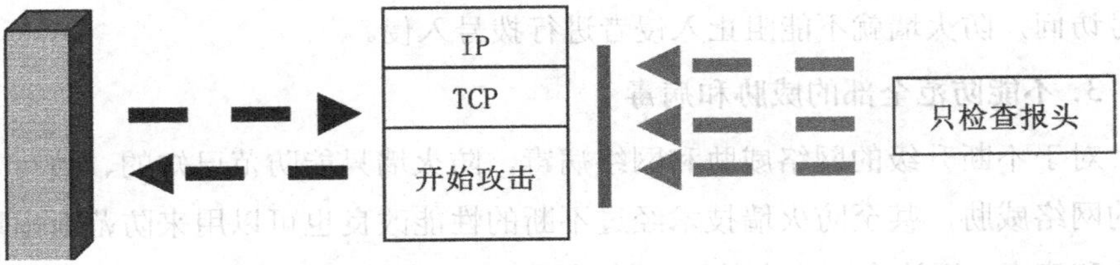

图 4-2 包过滤防火墙工作原理

二、应用网关防火墙技术

这是一种自我有选择性地选取可以通过的服务数据或拒绝接受的一种防火墙，它作用于应用层，相当于在两种网络之间放置的一台检测装置，两侧的网络均可以发送网络信号进行联络，但必须先要通过这个中间检测装置，而不能进行直接的交流。

它的大致工作原理是：用户想要浏览一组程序，它首先要向该中间检测装置发送一条访问请求，检测装置便开始识别响应，依据多种网络协议进行判断是否允许通过，如若允许，它便发送一条请求信息至网络服务器，网络服务器接收请求后便视作允许接收，它再发送一条请求返还给中间检测装置，中间检查装置再将允许信息传给用户，使用户接收到所要浏览的信息内容。

三、代理服务防火墙技术

代理服务技术基于软件，通常是安装在专用的服务器上，从而借助代理服务器来进行信息的交互。在信息数据从内网向外网发送时，其信息数据就会携带着正确 IP，非法攻击者能够分析信息数据 IP 作为追踪的对象，来让病毒进入到内网中，如果使用代理服务器，就能够实现信息数据 IP 的虚拟化，非法攻击者在进行虚拟 IP 的跟踪中，就不能够获取真实的解析信息，从而代理服务器实现对计算机网络的安全防护。另外，代理服务器还能够进行信息数据的中转，对计算机内网以及外网信息的交互进行控制，对计算机的网络安全起到保护。代理服务技术具有易于配置、灵活、方便与其他安全手段集成等优点，而对于网络用户来说是不透明的，安全性和代理速度都是比较低的。

四、状态检测防火墙技术

这是包过滤防火墙功能的提升，属于第三代的技术，该种防火墙技术能够得到数据包并抽出与应用层状态相关的数据信息，通过分析此数据状态来判断是否让链接通过。此类防火墙技术安全性能有了很大的提高，扩展性也有很大改善。该种类的防火墙的工作原理如图 4-3 所示。

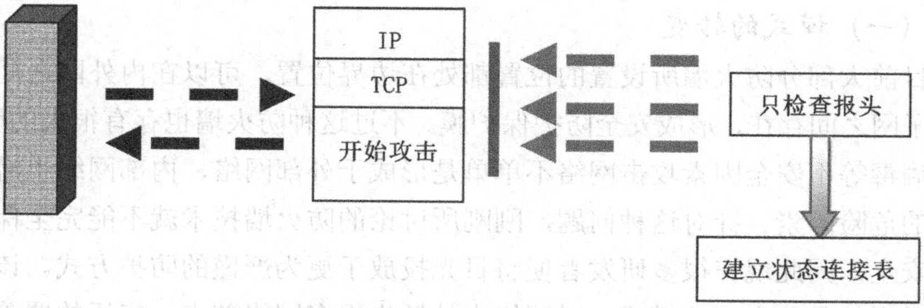

图 4-3 状态检测防火墙工作原理

五、复合型防火墙技术

这种技术进一步扩展了防火墙的整体功能，它采用了先进的零拷贝流分析技术，突破了以往的技术极限，该复合型防火墙能够对应用层进行细致全面的扫描，将内置病毒、有用的无害数据等过滤开来。这一技术的开发，见证了系统网络安全的又一次飞跃性进展。其具体工作原理如图 4-4 所示。

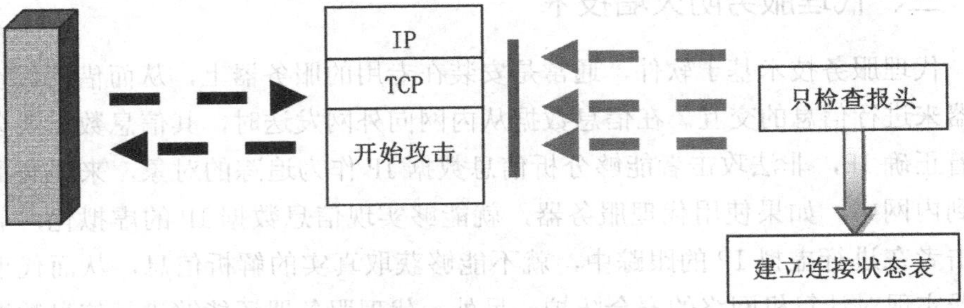

图 4-4　复合型防火墙工作原理

第四节　防火墙技术的几个新方向

一、防火墙技术发展趋势

防火墙是目前保证网络信息安全的首选，现已达到了比较成熟的阶段，日益猖獗的网络病毒正在不断地伺机侵害我们网络的健康，由此应运而生的防火墙技术也随之不断提升自身的技术水平。

（一）模式的转变

目前大部分防火墙所设置的位置都处在边界位置，可以在内外网之间也可以是子网之间存在，形成安全防护保护膜。不过这种防火墙也存有很大的弊端，因为病毒等不安全因素攻击网络不单单是形成于外部网络，内部网络也潜藏着很大的危险因素。针对这种问题，刚刚所讨论的防火墙技术就不能完全保证网络的安全，因此现在很多研发者便将目光投放于更为严谨的防护方式。该种防火墙采用的是分布式的模式，对网络内外散步很多网络节点，广泛的覆盖网络区域的各个角落，保证每一个需要保护的角落细节都能得到防护，这种模式的转变大大提升了防火墙的自身价值与优点。防火墙有多种类型，每一种都各有千秋，故越来越多的厂商都趋于将不同类型的防火墙融为一种，来互相弥补不足和更大层次的提升优点。

（二）功能的扩展

以往的防火墙技术功能单一，应用过程中会遇到种种局限，因此对防火墙的功能进行扩展很是必要。目前广泛地将网络安全与防火墙融为一个整体，使其功能更加多元化，大幅度提高了防火墙的使用价值。比如可以将入侵检测技术和防病毒技术等同等纳入一个防火墙内，这样对于网络的管理性能有了很大的改善。

（三）性能的提高

防火墙未来的发展走向必定是朝着性能的角度前进，随着用户需求量的不断增加，对防火墙性能的要求越来越现实，也越来越强烈。所以将多种独立性能并用合一的处理手段越来越受到人们青睐。虽然几种性能综合使系统负荷量日益增大，但是我们可以采用不同性能选择使用不同的处理器来完成，有效地降低了系统负载过盛的弊端，而且，通过不同性能使用了不同的处理器，每种性能之间互不冲突，当某一种性能出现问题故障时，可以针对该性能寻找出对应的处理器而可以直接去解决该问题，避免了其中许多麻烦。在提升防火墙硬件性能的同时，也不可忽视其软件的部分，软硬结合，达到全方位的防护效果。

（四）网络安全的提高

防火墙可以对某些重要行业的内部网络进行集中安全保护，这些内部网络中大多存储着涉及行政、医疗与教育等关系社会民生等重要数据，对数据的保密性要求极高，同时这些内部网络的规模通常较大。因此可以通过将安全软件加入防火墙系统中，或者读一部分软件程序进行改写来实现对计算机信息数据安全性的保护。在这种保护过程中，可以将重要信息设置在防火墙内，提高保密性。

防火墙可以对网络中部分特殊站点的访问条件加以限制，在一些学术研究与商业竞争等工作中，为保证相关人员的个人利益，需要对信息进行保密处理。因此就需要防火墙在其内部主机进行数据访问与传输的过程中对其访问信息加以控制，防止信息出露与资源被盗等现象，保证数据传输的保密性与安全性。

防火墙可以对网络访问中的一些不安全服务于操作进行限制。这种保护工作主要体现在对个人用户日常网络访问的过程中，这些网络访问任务通常不涉及社会重要机密。但是却涉及用户个人的信息数据。因此在计算机进行内外网数据传输中，一些安全性较差的服务与操作在防火墙监测工作中得不到其授权协议，也得不到通过，这样就大大降低了计算机数据遭到外网数据攻击的概率。

防火墙可以对计算机访问内外的信息进行监控，并将访问期间进行的数据传输进行记录统计，从中分析出该计算机操作者的访问偏好等关键数据，通过这一数据有针对性地执行网络安全防范工作，以达到对一些安全漏洞问题进行提前预防的目的。

计算机网络技术是目前世界上最重要的信息处理技术，其安全性与保密性关系到社会安全稳定。因此加强计算机安全防护问题一直都是计算机专业人员的工作重点。因此为了应对不断产生的新型病毒木马等安全威胁，必须要不断提高防火墙技术，提高计算机网络安全工作效率，保障计算机用户个人信息与利益，实现计算机网络技术的高效安全，保证信息数据的保密与稳定。

二、防火墙技术发展的新方向

（一）自适应代理防火墙

这是较新的一种防火墙设计，它将前几代防火墙的优点合成到一个单一的完整系统中并使它们的弱点缩减到最小。这种防火墙技术基本的安全检测仍在应用层进行，但一旦安全检测代理明确了会话的所有细节，那么其后的数据包就可以直接经过速度更快的网络层。因此，自适应代理防火墙基本上和标准的应用代理防火墙一样安全，但是却有更好的性能。自适应代理防火墙也比标准的应用代理防火墙更灵活，给安全管理者更明确的控制以满足他们的特殊需求，从而使“速度和安全”的折中处于最佳状态。

采用新的自适应代理机制，速度和安全的“粒度”可以由防火墙管理员设置，使得防火墙能确切地知道在各种环境中什么级别的风险是可以接受的。一旦做出这样的决定后，自适应代理防火墙管理所有处于这一规则下的连接企图，自动地适应传输流以获得与所选择的安全级别相适应的尽可能高的性能。

（二）混合结构防火墙

混合结构防火墙主要运用了 IPSec 技术和分布式计算思想。

IPSec 技术运用到这种防火墙中，从根本上解决了企业网内部的不安全因素，大大降低了企业网内窥探和欺骗的可能性。防火墙运用一次一密的认证方式（认证模块可以根据用户的实际需要采用其他安全等级更高的认证方法），很好地支持了用户级的分级安全策略管理。

分布式概念的引入有效地降低了中心防火墙模块的计算负载，大大缓解了对中心防火墙模块吞吐能力的要求。同时，布置在用户端的个人防火墙模块处理原来在传统防火墙中进行的应用级安全处理，提高了混合结构防火墙的安全处理能力。混合结构防火墙在拓扑结构上没有完全采用分布式防火墙的设计概念，而部分保留了传统防火墙的拓扑结构，这一设计思想符合企业网的需求。将企业内部局域网与互联网隔离能最大程度地减少外部网络对内部网络的攻击。更重要的是，内部网络的各终端主机上的应用程序可以建立在并不十分昂贵的较低安全级别操作系统上，这样能够节省大量的开销。

混合结构防火墙如图 4-5 所示，它分为两大模块：中心防火墙模块和个人防火墙模块。

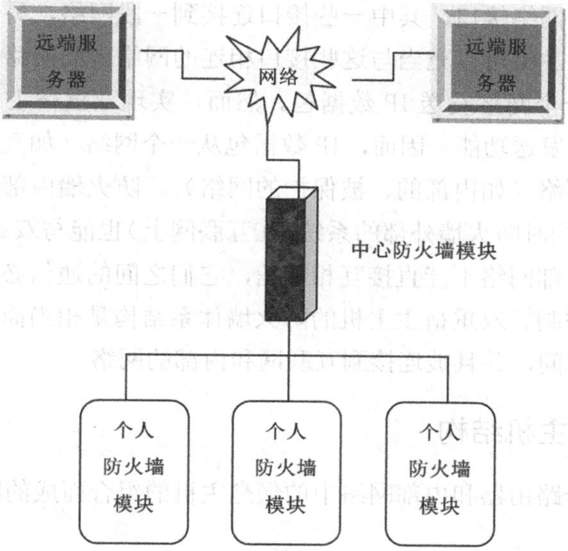

图 4-5　混合结构防火墙

（三）分布式防火墙

分布式防火墙技术受到了越来越多的网络用户的认可和拥戴，由于其具有的更高端的安全防护体系，使得这一项技术覆盖范围越来越广。传统的防火墙技术可以称为边界式防火墙，它从网络外部进行安全防护，由于现在人们对网络安全要求越来越高，边界式防火墙技术已经远远不能满足人们对它的需求，而该新型技术的产生却弥补了这一缺陷。分布式防火墙形式灵活，探查深入。

第五节　防火墙的体系结构

一、双重宿主主机结构

这种防火墙结构由双重宿主主机隔离在内部、外部网络之间，这台双重宿主主机就成为整个防火墙的主体部分。内部外部网络之间的互相访问首先要访问双重宿主主机，然后通过应用层代理技术完成对目标网络的访问。双重宿主主机结构的优点是结构简单，便于搭建与维护。缺点是一旦攻破双重宿主主机就等于攻破了内部网络。

双重宿主主机体系结构是围绕具有双重宿主的主机计算机而构筑的，该计算机至少有两个网络接口，其中一些接口连接到一段网络，另一些接口连接另一网段，这样的主机可以充当与这些接口相连的网络之间的路由器；它能够从一个网络到另一个网络发送 IP 数据包。然而，实现双重宿主主机的防火墙体系结构禁止这种发送功能。因而，IP 数据包从一个网络（如互联网）并不是直接发送到其他网络（如内部的、被保护的网络）。防火墙内部的系统能与双重宿主主机通信，同时防火墙外部的系统（在互联网上）也能与双重宿主主机通信，但内部网络与外部网络不能直接互相通信，它们之间的通信必须经过双重宿主主机的过滤和控制。双重宿主主机的防火墙体系结构是相当简单的，双重宿主主机位于两者之间，并且被连接到互联网和内部的网络。

二、屏蔽主机结构

这是由一个路由器和内部网络中的堡垒主机的组合而成的防火墙，如图 4-6 所示。

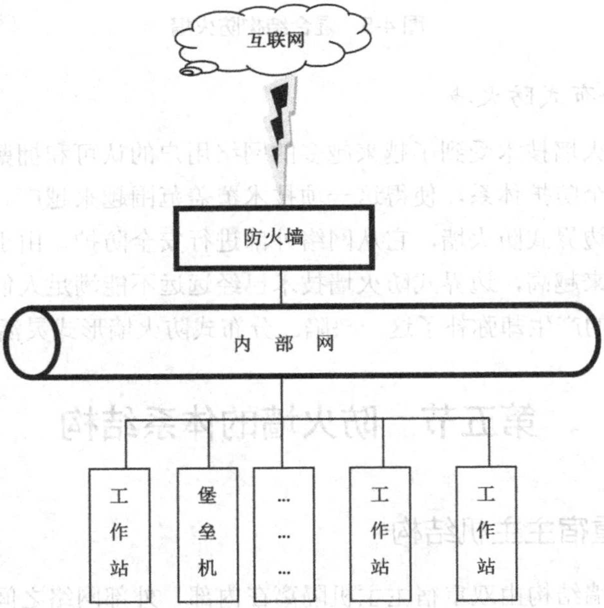

图 4-6 屏蔽主机结构

路由器位于内部网络与外部网络之间，提供路由功能及数据包的过滤功能。堡垒机位于内部网络中，整个内部网络中只有堡垒机才可以通过路由器与外部网络进行通信。其余的内网主机如想访问外部网络，只能先访问堡垒主机，然后通过应用层代理技术实现与外部网络的通信。屏蔽主机体系结构的优点是在内外网之间增加了路由器的安全保护，要想攻击堡垒机首先要攻破路由器。缺点是过滤规则配置比较复杂，而且堡垒机毕竟在内网中且可以通过路由器与外部网络通信，一旦攻破堡垒机就等于直接攻破了内网。

三、屏蔽子网结构

外部网络路由器、内部网络路由器、堡垒机和周边网络共同构成了屏蔽子网体系结构的主体部分，如图 4-7 所示。

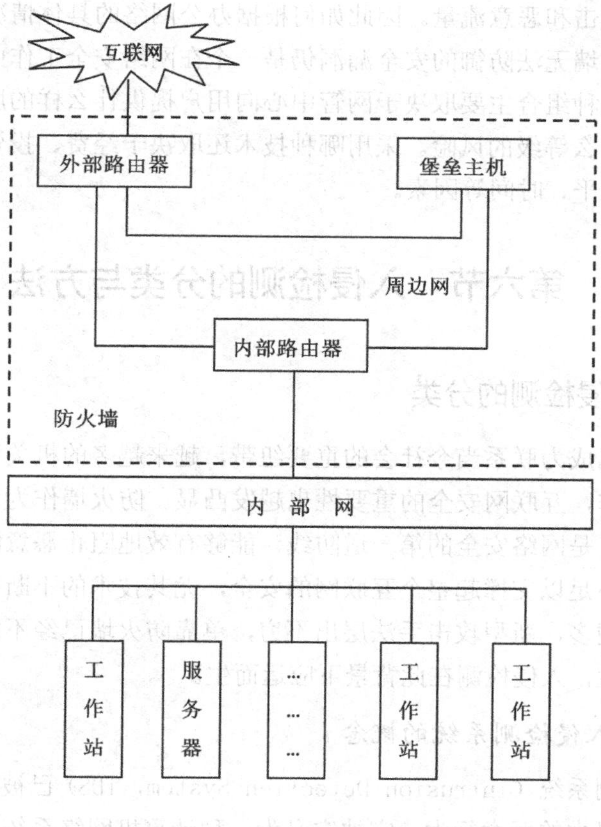

图 4-7　屏蔽子网结构

屏蔽子网体系结构是在内部网络和外部网络之间增加了一个缓冲网络，即非军事区地带，将堡垒机和一些对外的或者是安全性要求较低的应用服务器，放在周边网络中，而将对内的或者安全性要求更高的应用服务器和主机放置在内部网络中。外部网络和内部网络之间的主机要通信，需要先经过周边网络。因此想要攻破内部网络，也要先攻破外部路由器、周边网络以及内部路由器等才能实现。因此与前两种体系结构相比，屏蔽子网体系结构的安全性是比较高的。

四、组合结构

在实际应用中，防火墙技术往往并非只应用单独的某种结构或技术，通常是对网络体系结构和安全要求进行评估后，根据实际情况而组合应用的。防火墙虽然可以在很大程度上防止来自外部的网络攻击和非法访问，却无法监测和防止内部的攻击和恶意流量。因此如何根据办公网络的具体情况选用防火墙及如何应对防火墙无法防御的安全漏洞仍是一个在网络安全工作中需要进一步完善的内容。这种组合主要取决于网管中心向用户提供什么样的服务，以及网管中心能接受什么等级的风险。采用哪种技术还取决于经费、投资的大小或技术人员的技术水平、时间等因素。

第六节　入侵检测的分类与方法

一、入侵检测的分类

互联网已成为联系当今社会的重要纽带，越来越多的机关和企业都依赖互联网进行运作，互联网安全的重要性也越发凸显。防火墙作为保护网络安全重要手段之一，是网络安全的第一道防线，能够有效地阻止恶意的攻击。但是单靠防火墙还不足以支撑起整个互联网的安全，尤其技术的不断进步的今天，攻击方式越来越多，新型攻击手法层出不穷，单靠防火墙已经不能保证网络的安全性和可靠性，入侵检测在此背景下应运而生。

（一）入侵检测系统的概念

入侵检测系统（Intrusion Detection System，IDS）已被广泛用于检测网络通信和主机中的恶意行为。它被定义为一种计算机网络系统，用于收集有关多个关键点的信息，并分析该信息以查看是否存在违反网络安全策略行为和攻击迹象的情况，并产生系统日志给管理单元，从而实现对入侵或攻击的及时响应和处理。入侵检测的概念最早由詹姆斯·安德森（James P.A）在一篇论文报告中提出，入侵检测技术作为互联网安全有力的保护手段，未来具有很高的发展空间，是继防火墙之后未来的主流方向。入侵检测技术作为网络安全的第二道“防火墙”，能够主动检测来自网络的数据，一旦发现异常行为就会做出响应。

IDS是以入侵检测技术为依托的在软硬件结合技术上的实现，是防火墙等防御系统之外的又一道保护屏障，很大程度上弥补了防火墙技术的不足，因此广泛应用到瑞星、阿里云盾等各大杀毒软件中，极大地提升了杀毒软件的性能，同时在各大银行、互联网公司、证券公司、金融公司等也得到了广泛的推广。

（二）入侵检测的分类

1. 按照检测方式分类

这种方法包括基于误用和基于异常的入侵检测。前者是通过预先精确定义的入侵签名对观察到的用户和资源使用情况进行检测；后者是从审计记录中抽取一些相关量进行统计，为每个用户建立一个用户扼要描述文件，当用户行为与以前的差异超过设定的值时，就认为有可能有入侵行为发生。

2. 按照数据源分类

（1）基于主机

基于主机的入侵检测出现在20世纪80年代初期，因为用户对计算机的访问记录会保留在日志文件中，所以这种方式检测的是主机的日志文件。检测系统会时刻监测计算机主机端口和日志文件，一旦发现访问记录，就会做出相应的警报处理。可以监视用户和访问文件的活动，包括文件访问、改变文件权限、试图建立新的可执行文件或者试图访问特殊的设备。这种检测方式准确度比较高，速度快，并且不需要额外添加硬件设备。但是，对于日志文件中不存在的或是被删除的访问记录，则无法做出响应处理，另外在大规模的用户并行访问时会增加检测系统的负担。

（2）基于网络

基于网络的入侵检测方式能够截获网络传输过程中的数据，对截获的数据包进行分析，这样就避免了访问记录进入主机之后被认为删除的现象，能够更好地保护网络的安全。在发生用户访问行为时，这种入侵行为以数据包的形式在网络通道中传送，这种方式能够在入侵行为进入主机之前及时发现，因此实时性比较好，而且这种检测系统能够同时检测同一网络下多个计算机用户，所以也具有很好的商业前景，被广泛应用到当今网络安全保护之中，由于这种方式只能监测直连网络中的数据包，所以不能进行跨网段监测，如路由器和以太网交换机。

（3）基于分布式

这种检测是策略定义与管理由控制台统一完成，通过控制台实现客户端对策略的接收，由客户端展开实施操作。

系统由主机检测器、局域网检测器和中心控制器组成，主机检测器安装在计算机主机之上，这一点和基于网络系统相似，主要是收集来自主机的系统日志、审计文件并传给中心控制器。局域网检测器用于接收来自网络流量数据，通过流量传输设备传给中心控制器，路由器设备用来转发来自外部的数据，然后再传输给中心控制器。由此可知这种系统不同于前两种系统，基于分布式系统有效地避免了单一主机处理数据，这样就避免了大数据来临时主机卡死的情况，利于设备的维护和保养。

二、入侵检测方法

（一）静态配置分析

静态配置分析通过检查系统的配置（如系统文件的内容）来检查系统是否已经或者可能会遭到破坏。静态是指检查系统的静态特征（如系统配置信息）。采用静态分析方法是因为入侵者对系统攻击时可能会留下痕迹，可通过检查系统的状态检测出来。

另外，系统在遭受攻击后，入侵者也可能在系统中安装一些安全性后门以便于以后对系统的进一步攻击。对系统的配置信息进行静态分析，可及早发现系统中潜在的安全性问题，并采取相应的措施来补救。但这种方法需要对系统的缺陷尽可能地了解，否则，入侵者只需要简单地利用系统中那些检查者未知的缺陷就可以避开检测。

（二）异常性检测方法

异常性检测技术是一种在不需要操作系统及其安全性缺陷的专门知识的情况下，就可以检测入侵者的方法，同时它也是检测冒充合法用户的入侵者的有效方法。但是，在许多环境中，为用户建立正常行为模式的特征轮廓及对用户活动的异常性进行报警的门限值的确定都是比较困难的事。因为并不是所有入侵者的行为都能够产生明显的异常性，所以在入侵检测系统中，仅使用异常性检测技术不可能检测出所有的入侵行为。而且有经验的入侵者还可以通过缓慢地改变他的行为来改变入侵检测系统中的用户正常行为模式，使其入侵行为逐步变为合法，这样就可以避开使用异常性检测技术的入侵检测系统的检测。

（三）基于行为的检测方法

基于行为的检测方法通过检测用户行为中的那些与某些已知的入侵行为模式类似的行为，以及那些利用系统中的缺陷或者间接地违背系统安全规则的行为，来检测系统中的入侵活动。

基于入侵行为的入侵检测技术的优势在于，如果检测器的入侵特征模式库中包含个已知入侵行为的特征模式，就可以保证系统在受到这种入侵行为攻击时能够把它检测出来。目前主要是从已知的入侵行为及已知的系统缺陷来提取入侵行为的特征模式加入检测器入侵行为特征模式库中，避免系统以后再遭受同样的入侵攻击。但是，对于一种入侵行为的变种却不一定能够检测出来。这种入侵检测技术的主要局限在于它只是根据已知的入侵序列和系统缺陷的模式来检测系统中的可疑行为，而不能实现对新的入侵攻击行为及未知的、潜在的系统缺陷的检测。

三、入侵检测的步骤

入侵检测对来自网络的攻击行为的处理过程一般包括三个步骤，具体包括数据收集、数据分析、触发响应，其一般的流程结构如图 4-8 所示。

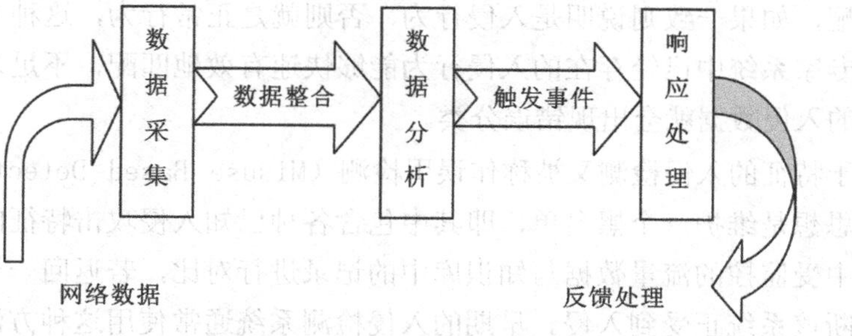

图 4-8　入侵检测步骤

（一）数据采集

能够收集来自计算机系统、网络模块、传输中数据以及用户行为的数据，另外还包括未授权程序、系统日志、审计数据等一系列的数据信息，最后利用相关技术将数据进行整合。

（二）数据分析

数据分析模块接收来自数据采集模块整合好的数据集合，数据分析模块拥有多种匹配模式，其中包括模式匹配、专家系统、协议分析等方式，通过分析如果确定是非法的数据，就会触发系统的响应模块，引发系统报警。

（三）响应处理

一旦发现异常数据，就会触发响应报警，从非专业角度上讲就是通知计算机管理人员做出处理。另外如果系统自带响应处理装置，自身也能够做出及时的反馈，如切断网络、抛弃攻击数据包等。

第七节 入侵检测基本技术

一、误用检测技术

这是一种最原始的检测方法，其工作机制是利用已经建立的特征数据库来匹配新的攻击数据，首先是将大量已知的入侵行为收集整合，根据专家经验对收集来的数据集合进行有效的特征提取，降低集合的维度，去除冗余的数据，建立专家系统，便于使用。检测数据集合的公信度和质量的高低完全取决于专家经验对入侵集合特征提取的方式。其次，当有网络数据传输进来时，专家系统会对新进的数据进行全方位的特征提取，将提取出来的特征和专家系统进行特征匹配，如果一致则说明是入侵行为，否则就是正常行为，这种方式的优点是对于专家系统中已经存在的入侵行为能够快速有效地匹配，不足之处是对于新出现的入侵数据就会出现错误分类。

基于特征的入侵检测又被称作误用检测（Misuse Based Detection）。该方法的思想是维护一个黑名单，即其中包含各种已知入侵攻击特征的知识库，将网络中受监控的流量数据与知识库中的记录进行对比，若返回一个或多个匹配则判断该系统正受到入侵。早期的入侵检测系统通常使用这种方法进行入侵检测。该方法的特点是准确率非常高，但该方法过于依赖其知识库中的数据。这些数据若存在输入错误，对整个系统的性能会有重大的影响。而且该方法无法检测出没有记录在其知识库中的入侵攻击，因此每当有新型的入侵手段出现时使用误用检测的入侵检测系统通常无法进行应对。

一种改进的方法被称为基于规范的入侵检测。与误用检测相反，该方法维护了一个白名单，其中包含了已知的正常行为，将网络中受监控的流量数据与知识库中的记录进行对比，若返回一个或多个匹配认为是正常行为，反之则认为系统遭受入侵，该方法能够有效地保护系统的安全。但是由于网络环境中无害的流量占了绝大部分，恶意流量只有一小部分，而入侵检测系统往往无法维护如此庞大的白名单，从而导致大部分无害流量被系统筛除，系统的网络功能受到极大的限制。

当今市场上大部分的入侵检测系统主要还是依赖误用检测的方法进行入侵检测，因此这些入侵检测系统无法很好地适应当前的网络环境，出现诸如准确率低、误警率高等问题。

二、异常检测技术

这是目前入侵检测技术的主要研究方向，其特点是通过对系统异常行为的检测，发现未知的入侵行为模式。异常检测提取的是系统和网络数据的正常行为特征，从多方面设置衡量标准，每个标准对应一个阈值或范围。其具体的步骤如图 4-9 所示。

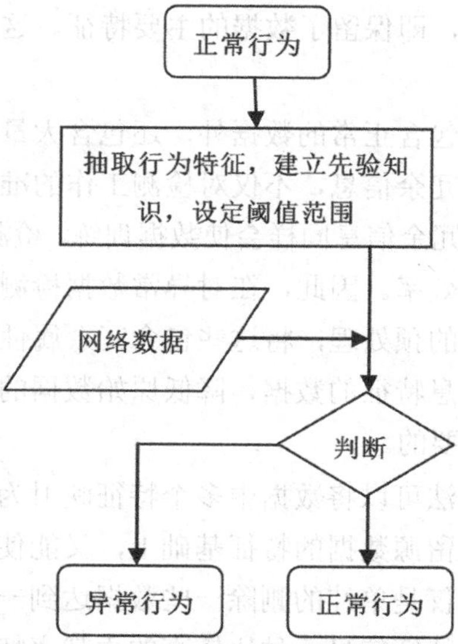

图 4-9 异常检测过程

正如自然界可以根据动物有规律的行为来判断其所属的科一样，假设正常的网络数据也是有规律可循的。首先，根据已有的大量正常数据从不同的方向抽取其行为特征，发现其行为规律，根据已有的技术建立系统的先验知识，从而设定一个衡量的标准；其次，处理由信息获取系统获得的用户行为，并将其与检测系统的标准相匹配，以确定与正常行为的偏离程度。

这种方式相比误用检测方式，能够最大程度地检测新出现的攻击行为，准确率相比于误用检测方式更高，但是也存在着很多的不确定性：第一是正常行为的特征提取是否全面，直接关系到所设定的衡量标准是否具有检验所有异常行为的能力；第二是检测系统需要不断地更新，因为伴随云计算和云存储成熟，新的数据种类不断增加，先验知识库的全面性需要不断改进，这就需要人为地去维护更新。

（一）主成分分析

这是机器学习中一种常用的数据处理方法，在一个数据集中通常存在相关度较高的数据往往距离较近，相关度较低数据距离较远的情况。这就导致了同类别数据之间的方差较小，而不同类别数据之间的方差较大。这种算法将数据集以矩阵的形式表示并计算其协方差矩阵，随后计算协方差矩阵的特征值和对应的特征向量。通过去除一部分较小的特征值将高维的数据将至低维，并且由于这种算法保留了协方差矩阵中较大的特征值，使得数据即使被降维，其原始的信息也没有太大的损失，即保留了数据的主要特征。这个过程也被称作特征提取。

异常网络数据中除了包含正常的数据外，还包含大量的冗余信息，正是由于这些属性特征不相关的冗余信息，不仅对检测工作的准确率造成了干扰，而且分析这些大量的不相关冗余信息同样会使数据训练、检测的运算量大大增加，降低系统分析异常数据的效率。因此，在对异常数据检测之前很有必要对这些数据进行“清洗”即数据的预处理，将这些包含冗余属性的信息进行去除不相关属性，提取包含原始信息特征的数据，降低原始数据的维度，在信息安全异常数据检测方面是很有必要的。

统计方法中的这种方法可以将数据中多个特征映射为少数几个主要特征，这几个主要特征能够在保留源数据的特征基础上，又能使数据的维度降低，且相较于其他降维方法不仅仅是单纯的删除一些数据达到一种降低维度的目的，它提供了一种相对于原始特征信息一种比较高的贡献率特征，使原始数据的特征值得以保留，为异常数据检测的准确率提供了保障。这种分析方法对解决流量大、维度高、实时性强的网络数据使其更高效准确的检测异常数据方面的问题非常适合。

（二）神经网络

起初是对人类大脑工作的抽象和模拟的一门涉及生物学、计算机科学、数学等的交叉学科，在人工智能机器学习中应用十分广泛。人工神经网络是以层级概念区分由最基本的单元组神经元构成的一种并行的具备适应性可自主学习调节的互连网络。通过训练学习，人工神经网络可以模拟生物神经系统对具体的对象做出反馈，而其基本单元神经元是对生物神经元的一种简化和模拟，人工神经网络就是由这些简化和模拟生物神经元的人工神经元构成。

传统计算由于遵循的冯·诺依曼模型将存储和计算分开而来，随着计算资源性能和存储 I/O 性能之间的差距越来越大，存储逐渐成了制约计算性能发挥的瓶颈。而人工神经网络中的人工神经元可以看作单独的处理机，这些大量并且并行分布的处理机通过训练即“学习”从外部环境中获得的经验知识和特征特性，通过权值的方式记忆起来存储在神经网络中做到随用随取，将信息的存储和计算合二为一，从而能够解决传统的计算与存储之间由于速度不匹配造成的效率低下问题。而且由人工神经网络构成的分类器具有很好的预测、概括、类比、联想能力，网络内部的部分权值丢失损伤，对全局的神经网络不会造成很大的影响，因此人工神经网络在容错性、鲁棒性方面有很大的优势。其自我学习能力，能够根据外部环境的变化能够通过改变权值的方式自我调节自我完善，因此人工神经网络在目前的人工智能、机器学习、目标识别等方面应用十分广泛。

将人工神经网络应用于网络安全领域，很好地解决了由于安全设备特征库不全无法对新型的异常数据做出阻断的缺陷。其所具备的自主学习和自适应能力以及高效的计算性能，面对入侵风险、异常数据时能够快速准确地做出判断。

因此，基于异常的入侵检测的思想是通过 CPU 使用率、内存占用率、网络带宽利用率等信息建立一条基准线，以此来区分正常行为与入侵行为。基于异常的入侵检测通常采用一系列数学模型对数据进行统计，从而建立一条基准线以区分正常行为和入侵行为。

基于异常的检测方法可以检测出新型的入侵手段，但是普遍存在准确率低、假警率高等缺点。而随着网络的不断发展，新型的攻击模式层出不穷，传统的入侵检测技术受到了巨大的挑战。机器学习技术的出现对入侵检测的研究产生了重大的影响。决策树、支持向量机、神经网络等机器学习方法被大量应用于入侵检测并取得了一定的成效。尤其是近年来深度学习技术受到广泛的关注和研究，基于深度学习的围棋程序更是引起了一波深度学习的热潮。除此之外深度学习还被广泛应用于自然语言处理、计算机视觉等领域，深度信念网络、卷积神经网络等深度神经网络被应用于入侵检测。机器学习算法对数据的特征有着很强的学习和分类的能力，在很大程度上提高了基于异常的入侵检测的准确率。

三、入侵诱骗技术

（一）蜜罐识别技术

蜜罐技术（Honey pot）是基于主动防御策略的新兴网络安全技术，它通过设置系统漏洞，诱捕来自网络上的攻击，然后获取其入侵方法、入侵手段及入侵工具，并将获取的入侵资源进行整合，最终实现提升网络安全的目的。蜜罐也是不安全的，随着网络安全技术的发展，黑客已经掌握了一些识别蜜罐的技术，这样蜜罐就会暴露，失去了其存在的价值。对蜜罐进行识别的依据是蜜罐系统和真实主机之间的某些特征是不同的，这是因为蜜罐无法完全模拟真实的操作系统，总会存在各种各样的漏洞。

1. 低交互蜜罐识别

这是一种简便的、灵活的蜜罐系统，一般是模拟一种特定的操作系统或者仅仅在应用层上模拟某种操作系统的行为特征，不支全面交互。

基于 Tar-pits 的识别技术。Tar-pits 蜜罐通过推迟响应来欺骗入侵者，可以放缓入侵者的进攻效率。对搭建在各个网络层的蜜罐的识别技术是有所差别的，具体而言，例如，部署在第七网络层的蜜罐，攻击者可以查看应用服务响应的时间，如果有延迟，则可认定这是一个蜜罐，如果蜜罐部署在第四层，那么由于其延迟性，如果 TCP 滑动窗口大小是 0 的话，蜜罐由于延迟响应性，不会及时停止接收数据包，仍然会对收到的数据包予以响应，这就成为攻击者检测到蜜罐的依据。

面向 Fake proxies 的识别方法。此技术可以有效地识别出垃圾邮件蜜罐，它会开启邮件服务所对应的端口（一般情况下是 52 号端口），它进行连接的每个 mail 服务器会对其发起反向连接，成功后会有正常的通信，蜜罐则不会进行后续的正常会话，基于这个特征可以分析出目标的身份。值得注意的是，如果蜜罐设置了发起连接的最大数，那么这种方法也就不能起到识别作用了。

2. 高交互蜜罐识别

这种技术较为全面的模拟真实系统的特征，功能全面，可以进行多种类型的交互，攻击者识别此类蜜罐较为困难，代价较大。而且高交互蜜罐为了更好地模拟真实环境，通常会与虚拟机、Honey dwall 等软件搭配使用。

Sebek 组件识别。Sebek 用于捕获敏感数据，高交互蜜罐会利用 Sebek 工具收集加密信息，如 SSH 等信息。它在 NETLINK 挂载点上挂载钩子回调函数，可以直接获取网络数据并进行各种所需的处理，如将数据包篡改为 UDP 数据包回应给攻击者。Sebek 的检测方法如下：观测网络传输技术其数值法、观测网络传输技术其数值法、修改系统调用表法等。

虚拟软件识别。虚拟机的主要作用是对操作系统所需的硬件环境进行模拟，虚拟中的操作系统消耗小且易于管理，拥有很多的用户，大多数高交互蜜罐也使用虚拟机作为宿主。识别虚拟机相对于识别高交互蜜罐而言比较简单，当前成熟的虚拟机识别技术有：基于虚拟系统的特有操作和特殊通道识别虚拟机的技术；根据虚拟系统内存管理和内存分配原则识别虚拟机的技术；根据目标主机硬件特征判断是否是虚拟机的技术。

3．基于蜜罐特有行为的识别技术

蜜罐虽然尽可能全面地模拟真实主机，但是具体实现起来与真实主机还是有些差异的，所有的蜜罐都有某些与众不同的特征，当然也存在着相同的特性。

蜜罐归根结底是模拟网络和真实主机的，既然是模拟就不可能是事无巨细的，与真实环境相比还是有许多差别的，蜜罐系统具有其自身的特性，不同的蜜罐之间也存在着诸多共性，可以将特征识别技术大致上分为两类。

（1）基于蜜罐个性特征的识别技术

每个蜜罐对真实主机的模拟程度或者模拟点是不同的，因此基于蜜罐个性特征的识别技术不是通用的，而是针对每种特定蜜罐的漏洞或者实现差异来开发的，如针对 Honeyd 蜜罐重传的差异提出的识别和反识别技术。

（2）基于蜜罐共性特征的识别技术

绝大多数蜜罐都采用同样的网络协议栈仿冒技术以及其他与网络特征密切相关的仿冒技术。可以网络特征识别技术也分为这两类。

①网络协议栈。扫描器利用 TCP/IP 协议栈来识别操作系统类型，有的蜜罐只是在应用层次上模拟操作系统，并没有在协议栈层面进行操作系统模拟，攻击者通过对目标进行详细周密的操作系统识别就能够判断出其是一个蜜罐。

②网络特征。除了 TCP/IP 协议栈的特征之外，还包括最大重传次数、标志位可选项、最大报文长度等。

4.Honey Wall 识别

第一代蜜网存在着诸多的缺陷和不足，相关研究人员从第二代蜜网开始将蜜罐的各个组成部分进行切割，细化各个模块的功能结构，其中最为卓越的是Honey Wall，它是外网和蜜罐网络的网关，能够实时处理全部的通信。针对Honey Wall的识别是基于它严格的监控性，软件能够发现并拦截特定的数据包信息，倘若检测到数据包中隐藏入侵数据就会将数据包丢弃或者篡改攻击数据从而致使该数据包丧失攻击功能。攻击者可以构造具有特定功能数据包，这些数据包可以识别网络数据库中的标识信息，最后将数据包发向远程操作系统，查看响应数据包就能够判断目标是否为Honey Wall。

5.基于系统内核的识别技术

高交互蜜罐最为看中的是其对真实主机的模拟程度，为了达到此效果，蜜罐必须要能够模仿系统内核，当前大多数高交互蜜罐都采用了Rootkit等隐秘技术，以更好地模仿操作系统，对基于模拟内核的蜜罐进行准确的识别，基于内核的蜜罐识别技术大致有以下几种。

①识别UML。UML也称为Linux客户系统模式，支持客户系统建立在Linux系统上，这一特性非常类似于虚拟机，一般情况下，客户系统被设计为高交互蜜罐。检查关于UML的系统配置文件即可发现蜜罐。

②检测隐藏技术。蜜罐基于屏蔽掉内核函数来实现隐藏，如查看内核进程是否存在着被非法更改等方式。

（二）蜜网识别技术

蜜网技术是继承了蜜罐技术并将其改进的一种技术手段，使用若干蜜罐来搭建一个抓捕网络，该网络能够诱惑不法者进行非法攻击。通常该网络系统建立在一个可控的接入设备上，使入侵者可以探测和攻击蜜网系统里的蜜罐主机，以便获取入侵者的攻击信息。因此，研究如何劫持异常流量到蜜网系统，并对与蜜罐机交互后的行为进行分析识别具有－重要意义。蜜网系统的攻击识别方法主要包括两个大类，一个是基于网络流量的特征做攻击识别，另一个是基于交互行为特征做网络渗透识别。

1.基于网络流量的攻击识别相关技术

基于网络流量的异常检测可以很好地挖掘网络中的潜在问题，是确保网络高效、完整运行的基础工作。根据流量特征参数处理方法的不同方式，有如下4种常规方法。

（1）基于统计分析的网络流量攻击识别

①随机子空间方法来检测 Internet 协议网络中的异常，该方法给出一个包含网络流信息的数据矩阵，在随机抽样方案的辅助下进行正态异常矩阵分解，然后利用统计发现异常子空间中的异常流量。

②一个有效的自适应的应对网络流量变化而导致的攻击识别方法，是利用对来自网络协议多层数据的统计分析来检测非常细微的流量变化，这些算法基于变化点检测理论，利用测试统计的阈值来实现固定的误报警率。这种方法有很多优点：利用自适应学习方法来训练，在各样的网络环境中都可以使用这种方法；这种方法可以以很快的速度来检测攻击，并且能够同时保证准确性；计算复杂度低。

③四川大学的庄政茂等提出一种结合分布率、聚类偏差和密集度的方法创建异常检测模型以发现主机的异常流量。山东大学的梁晟等采用了一种利用假设检验理论的攻击检测方式。该方式提高了识别的准确性。

（2）基于信号处理的网络流量攻击识别

①基于分组头部记录综合分析的攻击识别技术。这种技术把与目的 IP 地址关联的元素提出，对其使用离散小波变换，再根据整理其结果判断实时的检测网络流量异常。

②利用行为建模对网络流量进行表征，根据能量分布来判断是否发生 DDoS 攻击流量。如果流量随时间保持其行为（即无攻击情况），则随时间的能量分布变化有限：而在网络中出现攻击流量后将在一段时间内导致显著的能量分布偏差。

③采用两级结构的系统，将传统的自适应阈值和累积和方法与机遇连续小波变换的方法相结合，在准确率和误报率方面均有良好效果。

④使用基于小波的方法来分析网络流量的 IP 数据分组和 SNMP 数据分组，该方法有效说明了小波滤波器能将异常流量具象化进而为检测提供更为细致的信息。

（3）基于数据挖掘的网络流量攻击识别

①基于聚类算法的网络攻击识别方法，这种方法的优点是它不需要使用有标记的攻击流量数据进行训练。使用聚类和决策树结合的方式来检查是否发生网络攻击。利用 K-Means 聚类算法训练所有的流量行为，然后使用 ID3 决策树来检测有无非正常流量现象，据此分析是否发生了攻击。

②基于图形实现异常检测技术。引入一种计算图的规律性的新方法并应用

于检测，这些方法可用于发现异常，同时用于确定基于图的数据中成功检测异常的可能性。基于图来发现内部活动的异常情况，将数值分析与结构分析相结合，分析多种规范模式，并扩展到动态图。

（4）基于机器学习的网络流量攻击识别

①基于人工神经网络的入侵检测模型，具有高性能、低计算等优点，适合于实时部署。

②根据贝叶斯网络与时间序列研究出另外一种检测攻击的方法，相对基于时间序列或基于小波的检测方法来看，将检测的准确率大大提升。

③利用隐马尔可夫模型和大数据，研究了基于HMM的Netflow的方法来检验是否有非正常流量，这个模型不仅需要的样本量大幅度减少，而且还省去了对每类攻击分别进行建模，它根据协议分类，这降低了复杂性，对位置异常也有一定的检查效果。

2. 基于交互行为的网络渗透识别相关技术

基于交互行为进行攻击识别一般方式是使用蜜罐系统记录网络攻击的相关数据，然后对行为数据进行分析，常用技术有数据挖掘、机器学习等。

①通过部署运行计算机构建实验环境，设置容易被攻破的密码吸引攻击者，通过构建攻击者行为框架，获取攻击者采取的特定操作及其发生顺序，这些操作包括检查配置、更改密码、下载文件、安装/运行恶意代码以及更改系统配置。

②通过引入了一种分析攻击者技巧和区分入侵者来源来改进实验，在得到入侵信息的基础上分析并获取了入侵者的核心目的。

③在客户端蜜罐使用自动状态机，而且将这种方法使用在预防网页攻击中，这种方法能够较好地预测攻击行为，同时通过实验验证了这种方法的适用性。

④采用数据挖掘技术对攻击行为进行分析，发现黑客的入侵模式，从而提升防御能力并升级已有的检测系统。

⑤除了上述主要研究对象是有关黑客攻击方法的数据，很多研究还分析了入侵后的数据。通过构建一个具有高交互性的蜜罐网络，捕获攻击者入侵主机后的交互行为数据，并构建攻击状态转换图，结合隐马尔科夫模型设计网络攻击行为预测模型。

第八节 入侵检测的分析及发展

一、入侵检测分析

（一）入侵检测的必要性

网络的快速发展不仅加强了现代社会对互联网的依赖程度，网络安全问题越来越为人们所关注。入侵检测技术能够主动检测网络中存在的恶意行为并提供实时保护。随着网络结构的复杂化，入侵手段也变得复杂多样，这使得依赖简单的模式识别和特征选择的传统检测无法很好地适应当今的网络环境。

当前，企业、政府和个体在互联网上展开了各种各样的业务活动。网络的出现不但方便了我们的工作和生活，而且也丰富了我们的闲暇时间，满足了我们的快速度、高效率的需要。众所周知，互联网一般都有着开放性、共享性这两个特点，正是这两个特点的出现，让我们共享的资源更加丰富多样，在我们享受方便的同时，互联网的安全也面临着一系列的威胁。

现在的网络安全问题已经不仅仅是某一个国家局部性的问题，它现在已经发展成了国际性问题。根据有关的报告，在全球范围内大约每 20 秒就会发生一次黑客攻击的事件。无论是政府机构、跨国大企业，还是小众的个体小型普通网站，都没有躲过黑客攻击，当前的网络入侵行动已经对社会造成了严重的经济损失。智能移动工具的出现与应用，使网络的攻击方发生了新的改变，攻击的技术、方法、手段层出不穷、千变万化，而且导致攻击面向的对象越来越多，已经可以威胁通过网络发展企业的经济利益、政治形象，对社会的稳定产生了极大的影响。

在传统的网络安全的技术上，重点采用的是静态的防御技术，它包括的主要技术有加密手段、防火墙、口令认证等等技术，这种方法对用户进行的操作有部分影响，而且违反了网络的公开性、共享性的特点，因此如果使用静态防御很难平衡便捷和安全这两者之间的利与弊。

目前的入侵检测技术是新一代保障安全和动态的防护技术，跟防火墙一起结合使用。网络不但在时间，而且在空间上都得到了延伸，各种各样的网络终端的出现，使网络环境的复杂度不断地提升，多样的攻击行为不断地更新出现，都导致了新的入侵检测方法的出现。此上列举的种种原因，已经让传统、单一的入侵检测技术不能应对目前的网络状况。

智能化的入侵检测系统需要有能检测各种各样的黑客攻击行为、能自动识别攻击的行为、能保障网络的正常安全运行、能实时检测网络异常行为等的能力。入侵检测针对网络安全有重大的作用和意义，因此，它在技术上应不断加以改进和创新从而提高其检测的效率和正确性。目前随着技术的发展，国内在网络安全方面的发展不断进步，采用新型的模糊理论、数据挖掘、人工智能、密码学、集成学习等技术，并取得了一些研究成果。

（二）入侵检测技术的不足

随着入侵手段不断增加，入侵检测技术变得更加多样化和复杂化。随着云服务的价格越来越低，网络中攻击其他主机的主机数量越来越多，分布式拒绝服务攻击等分布式攻击越来越频繁，入侵的规模在不断地增加，入侵攻击呈现出分布式的特点。而随着各种安全防护措施的增强，入侵者在攻击时必须绕过多重的防护网，实施入侵的难度在不断提高，但是这也促使了入侵手段的进化，使得当前的入侵攻击呈现出复杂化、间接化等特点。

现有的入侵检测系统在入侵攻击不断进化的今天显得有些不足。其缺点主要体现在无法处理大量数据、误警率高、适应性差等方面。在入侵检测的过程中，获取数据并进行分析是最关键但也是最费时的一个环节。如果系统的处理速度较慢则势必会影响整个入侵检测的有效性。误用入侵检测需要通过构建特征库的方式将网络流量与特征库进行比对。而在网络流量如此庞大的今天，想要构建一个如此庞大的特征库，并实时进行更新是非常困难的，能够检测出新型攻击方式的异常检测在准确率方面还有待提高。并且随着网络技术的更新换代越来越频繁，入侵检测往往无法很好地适应当前剧烈变化的网络环境。在某个网络中能够正常工作的入侵检测移植到另一个环境中后往往就无法发挥其功能。

1. 难以处理大量数据

随着网络技术的发展，网络流量也呈现出井喷式的增长。分布式拒绝服务攻击可以在几分钟内产生数十万条的攻击。这对检测的数据处理能力是一个很大的挑战。若不能即时地检测出入侵，该系统在实际应用中的价值将会大打折扣。

2. 系统精确度不足

假正例和假负例是检验系统精确度的两个重要指标。FP 是指用户的正常行为被认定为入侵行为，FN 是指入侵行为被认定为正常行为。由于网络环境复杂以及入侵手段多样，现有的检测都存在一定程度上的误警或是漏警。这些都对整个系统的精确度有一定程度的影响。

3. 自适应性差

现有的入侵检测在研发时往往没有考虑到网络环境和网络结构的变化对其造成的影响，导致其不能根据环境的变化采取不同的措施，即自适应能力较差。

二、入侵检测的发展

从入侵检测的现状以及互联网的发展趋势来看，未来的发展趋势可以分为以下几个方面。

（一）分布式技术

传统的检测通常只针对一个特定的网络甚至特定的主机进行入侵检测，并且由于性能限制，无法处理大量数据。在大数据时代，通过云计算的方式同时检测不同网络之间的入侵，在数据处理的速度方面也能通过多台云主机并行处理而得到质的飞跃。

（二）智能化技术

入侵检测的另一个发展趋势就是智能化。通过将机器学习和深度学习等人工智能技术应用于入侵检测，可以使入侵检测系统在检测过程中不断学习，不断提升自我的性能，从而更好地适应当今不断变化的网络环境。目前提到的智能化检测技术常使用神经网络、遗传算法、模糊技术等方法，通常用来对入侵特征进行辨识和泛化。除此之外，我们在如今检测系统中可以加入专家系统的思想。因为在专家系统中，它具有自主的学习能力，使它的知识库的不断升级与更新。这些技术的使用都有着更加广阔的使用前景。

第五章　现代计算机网络病毒及其防范

自网络诞生之日起，网络安全就是一个无法回避的课题，它已经上升到国家战略高度。计算机病毒攻击是最常见、最典型的网络安全事件。我们要了解计算机病毒的传播途径及特点，做好计算机病毒的防范措施。本章分为计算机病毒的产生与发展、计算机病毒的概念与分类、计算机病毒的防范措施、计算机病毒发展的新技术四个部分。主要包括计算机病毒的三种起源说，计算机病毒的发展，计算机病毒的基本概念和类型，计算机病毒防治策略，以及六种计算机病毒发展的新技术等内容。

第一节　计算机病毒的产生与发展

一、计算机病毒的起源

（一）科学幻想起源说

1975 年，美国科普作家约翰·布鲁勒尔（John Brunner）出版的《Shock wave Rider》，该书第一次描写了在信息社会中，计算机作为正义和邪恶双方斗争的工具的故事。

1977 年，另一位美国科普作家托马斯·丁·雷恩构思了一种能够自我复制、利用信息通道传播的计算机程序，并称为计算机病毒。这是世界上第一个幻想出来的计算机病毒。仅仅在 10 年之后，这种幻想的计算机病毒就在世界各地大规模泛滥。

人类社会有许多现行的科学技术，都是在先有幻想之后才成为现实的。因此，不能否认这本书的问世对计算机病毒的产生所起的作用。也许有些人通过这本书才茅塞顿开，并借助于他们对计算机硬件系统及软件系统的深入了解，发现了计算机病毒实现的可能并设计出了计算机病毒。

（二）恶作剧起源说

恶作剧者大都是那些对计算机知识和技术均有兴趣的人，并且特别热衷于那些别人认为是不可能做成的事情，因为他们认为世上没有做不成的事。这些人或是要显示一下自己在计算机知识方面的天资，或是要报复一下别人或公司。前者是无恶意的，所编写的病毒也大多不是恶意的，只是和对方开个玩笑，显示一下自己的才能以达到炫耀的目的。虽然，计算机病毒的起源还不能证据确凿地归结于恶作剧者，但可以肯定，世界上流行的许多计算机病毒都是恶作剧的产物。

（三）游戏程序起源说

计算机还没有得到广泛的普及应用时，美国贝尔实验室的程序员为了娱乐，在自己实验室的计算机上编制了吃掉对方程序的程序，看谁先把对方的程序吃光。有人认为这是世界上第一个计算机病毒，但这只是一个猜想。

计算机病毒的产生是一个历史问题，是计算机科学技术高度发展与计算机文明迟迟得不到完善两者间不平衡发展的结果，它充分暴露了计算机信息系统本身的脆弱性和安全管理方面存在的问题。如何防范计算机病毒的侵袭已成为信息安全领域上亟待解决的重大课题。

二、计算机病毒的发展

计算机病毒是一种计算机程序，它潜伏在计算机系统资源之中，当满足破坏条件时便进行破坏行为，当满足传染条件时便感染其他系统并伺机破坏。计算机技术与计算机网络技术的发展，对计算机病毒的发展起到了推波助澜的作用。计算机病毒也从破坏软盘、磁盘和光盘等的单机病毒发展为破坏局域网、互联网甚至使整个网络瘫痪的网络病毒。纵观计算机病毒的发展历程不难发现，新技术的出现总会催生出新型计算机病毒，而新型计算机病毒的传播和流行又会促进反病毒技术的更新和发展。

早在第一台商用计算机出现之前计算机病毒的概念便已经出现了。1949 年，计算机创始人冯·诺依曼在论文《复杂自动组织论》中提出计算机程序可在内存内自我复制和变异的理论勾勒出计算机病毒的蓝图。但在当时，人们根本想象不出这种程序将带来怎样的后果。

1959 年，仅仅十年的时间，能自我复制的程序便从概念变为了现实。美国著名的 AT & T-Bell 实验室的三个仅仅二十多岁的程序员编写了一个名为“磁芯大战”的电子游戏，玩家编写出具有自我复制能力的程序相互攻击，吃掉别人程序者为赢家。

1983 年，世界上公认的第一个计算机病毒程序现世。它是由弗雷德科恩博士研制并在美国计算机安全会议上提出一款在运行过程中便可以自我复制的破坏性程序。数小时后，此程序在 VAX11/750 机上运行成功，从而证实了计算机病毒的存在。

1986 年，巴基斯坦的两个程序员兄弟为打击盗版软件使用者，编制了名为“巴基斯坦”的病毒，这是世界上最早流行的计算机病毒。

1988 年开始，大麻、IBM 圣诞树、黑色星期五等形形色色的病毒大肆流行。特别是罗伯特·莫里斯研制的蠕虫病毒，是世界上首个通过网络传播的病毒，并制造了一起震撼世界的“计算机病毒侵入网络的案件”。

一直到 1992 年，计算机病毒更是发展迅速，甚至连专门编写病毒程序的工具——病毒制造机也相继问世。

当今社会，计算机病毒更是结合了新的计算机技术，变得更加智能化，人性化，网络化，复杂化。“尼姆达”“红色代码”“蠕虫王”等一大批蠕虫病毒蜂拥而至，掀起轩然大波。“冲击波”“震荡波”“狙击波”更是在当时打乱了网络运营商和反病毒厂商的阵脚，防治计算机病毒刻不容缓。

第二节 计算机病毒的概念与分类

一、计算机病毒基本概念

（一）计算机病毒的概念

自进入互联网时代以来，人们便享受着互联网给予的各种好处，如生活的改善以及工作效率的提高。人们对互联网的依赖程度越来越大，很难想象，假如没有了互联网，人们的生活和工作将会是怎样的。任何一项技术的出现都是一把双刃剑，关键在于开发和使用该技术的人。互联网在给人们带来极大便利的同时，也给那些试图通过互联网牟取不正当利益的个人或组织开辟了一条捷径，各种网络安全事件频频爆发，对人们的生命财产构成了极大的威胁。计算机病毒攻击是在我们的日常工作和生活中发生最频繁的网络安全事件。

计算机病毒是指编制或者在计算机程序中插入的破坏计算机功能或者毁坏

信息数据影响计算机使用，并能自我复制的一组计算机指令或者程序代码。这类病毒属于狭义的计算机病毒，通常寄生在宿主文件中，随着宿主文件的传播达到传染目的。

这是网络空间中一种十分常见的攻击手段，攻击者通过编写病毒程序并发布到网络中，一旦感染网络中的某些终端设备，那么就有可能进行大规模传播，直至感染更大范围的网络空间。病毒可以执行一些恶意操作，如篡改数据、删除文件等，因此可能造成极大的经济损失。病毒攻击已然成为全球范围内人们共同关注的一类网络空间安全威胁。因此，抵御计算机病毒是网络空间安全领域中一项长期的任务。

（二）计算机病毒的特征

1. 传染性

计算机病毒有很强的自我复制能力，可以进行自我传播，病毒通过宿主文件的传播（如文件的拷贝及交换）进行传播。病毒通常存在于硬盘、软盘、U 盘、光盘等存储介质中。随着开发技术的不断升级，如今的病毒已经不局限在某一特定的操作系统（如 Windows 系统和 Linux 系统）上传播，而是可以跨平台进行传播。计算机病毒的传染性和生物病毒的传染性很相似，是普通程序所不具备的。传染性是计算机病毒最显著的特征，同时也是检测一个程序是否为病毒的主要评判标准之一。

2. 隐蔽性

计算机病毒为了实施破坏行为，在爆发之前，就要想方设法不被发现。病毒成功感染宿主程序后，表现得和普通程序并无差别，因此，能够在用户没有授权或毫无察觉的情况下进行传染。

第一，形式隐蔽，病毒寄生的宿主程序其形式和结构与正常的普通程序并无明显差别，用户很难发现自己运行的程序是否已经被感染。

第二，传播行为隐蔽，病毒在爆发之前，会尽最大可能感染更多的文件，以造成更大的破坏，而用户同样很难发现自己有多少文件已经被感染。有些病毒拥有很强的隐蔽性，甚至变化无常，导致杀毒软件都检查不出来，对其无能为力。隐蔽性是能够长期潜伏不被发现的前提条件。

3. 潜伏性

为了造成更大的破坏，有的病毒在感染了某个宿主机后，不会马上发作，而是长期驻留在该宿主机中。潜伏性越好，病毒驻留在宿主机中的时间就越久，感染的文件就越多，爆发时造成的破坏就越大。病毒潜伏的时间不固定，有的几个小时、有的几天、有的甚至几年，直到“时机成熟”才会爆发，这个“时机”体现了病毒的爆发需要触发条件。

4. 可执行性

究其本质而言是计算机程序，形式上和普通的程序没什么区别。但与普通程序相比，病毒以实施破坏行为为目的，为了实现这一目标，病毒必须是可执行的，只有在被感染的宿主机上成功运行才能进行破坏。

5. 繁殖性

计算机病毒进行繁殖时快速地进行自我复制。病毒的自我复制能力是普通程序所不具备的，繁殖性是判断一个程序是否为病毒的基本条件之一，同时也是计算机病毒具有传染性的基础。

6. 衍生性

与生物病毒类似会发生变异、变种。随着反病毒技术的不断进步，反病毒软件已经可以识别一些常见的病毒。为了躲避反病毒软件的查杀，设计者借鉴了“生物病毒通过变异来应对免疫系统产生的抗体”这一思想，在原有病毒的基础上进行修改和升级，升级后的病毒在传播的过程中还可以被其他人进行修改，经过不断地修改、升级，最终产生的新病毒，其形式和结构已经非常复杂，很难被反病毒软件检测到。因此，变种后的破坏力更大。

7. 不可预见性

计算机病毒在不断发生变异、变种，表现形式令人难以捉摸，而且数量在逐年上升。从某种意义上讲，针对新型病毒的反病毒软件的研发及发布永远滞后于该病毒的出现，要通过数学建模试图探索病毒的传播规律，为宏观策略的制定提供理论依据。

8. 破坏性

病毒一旦发作就会造成不同程度的破坏，包括删除文件数据、篡改正常操作、占用系统资源、造成系统崩溃、导致硬件损坏等。这些破坏行为往往以获取经济利益，甚至政治和军事利益为主要目的。

（三）计算机病毒传播的状态

1. 静态病毒

存在于辅助存储介质中，如硬盘、软盘、U 盘、光盘等，一般不能执行病毒的破坏或表现功能。当病毒完成初始引导，进入内存后，便处于动态，动态病毒本身处于运行状态。

2. 动态病毒

有两种状态：可激活态和激活态。当内存中的病毒代码能够被系统的正常运行机制所执行时，动态病毒就处于可激活态。系统正在执行病毒代码时，动态病毒就处于激活态。处于激活态的病毒不一定进行传染和破坏；但当病毒进行传染和破坏时，必然处于激活态。计算机病毒的基本流程与状态转换如图 5-1 所示。

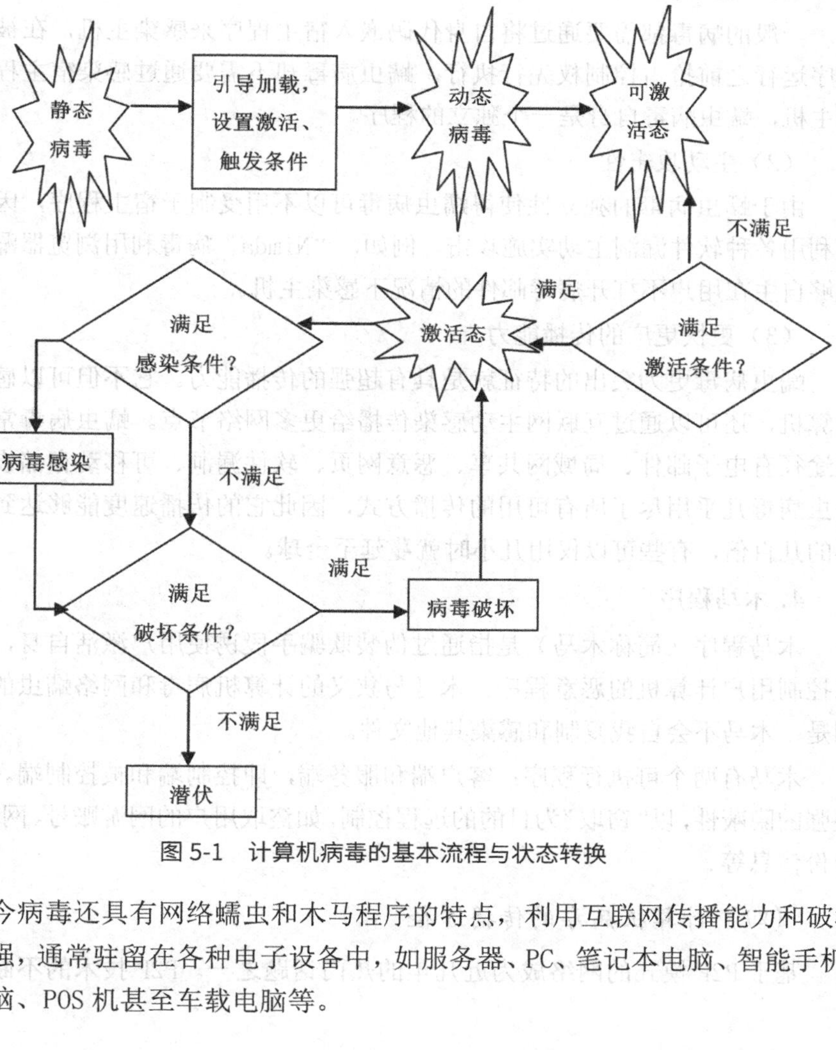

图 5-1 计算机病毒的基本流程与状态转换

如今病毒还具有网络蠕虫和木马程序的特点，利用互联网传播能力和破坏能力更强，通常驻留在各种电子设备中，如服务器、PC、笔记本电脑、智能手机、平板电脑、POS 机甚至车载电脑等。

3. 网络蠕虫

这是指可以通过网络将其自身的部分或全部代码复制、传播给网络中的其他节点的程序。蠕虫与狭义的计算机病毒的最大区别是：狭义的计算机病毒需要寄生在宿主文件中，随着宿主文件进行传播；而蠕虫则不需要宿主文件，可以独立地进行传播。蠕虫不需要将自身代码嵌入其他程序中，而是通过网络进行大量复制、传播，会造成网络阻塞，甚至瘫痪，蠕虫病毒的感染目标并不是文件系统，而是互联网中的计算机。它通过自我复制，将自身在互联网中传播。与普通的计算机病毒相较，网络蠕虫突出的特征有以下几点。

（1）独立性

一般的病毒都需要通过将自身代码嵌入宿主程序来感染主机，在被感染的程序运行之前抢占控制权先行执行。蠕虫病毒却不需要通过感染宿主程序来感染主机，蠕虫病毒自身是一个独立的程序。

（2）主动攻击性

由于蠕虫病毒的独立性使得蠕虫病毒可以不用受制于宿主程序，因此它可以利用各种软件漏洞主动实施攻击。例如，“Nimda”病毒利用浏览器漏洞后，能够自主在用户不打开病毒邮件的情况下感染主机。

（3）更快更广的传播能力

蠕虫病毒更为突出的特征就是具有超强的传播能力。它不但可以感染本地计算机，还可以通过互联网主动感染传播给更多网络节点。蠕虫病毒常用的传播途径有电子邮件、局域网共享、恶意网页、软件漏洞、可移动存储设备等。蠕虫病毒几乎用尽了所有可用的传播方式，因此它的传播速度能够达到一般病毒的几百倍，有些可以仅用几小时就蔓延至全球。

4. 木马程序

木马程序（简称木马）是指通过伪装欺骗手段诱使用户激活自身，进而可以控制用户计算机的恶意程序。木马与狭义的计算机病毒和网络蠕虫的最大区别是：木马不会自我复制和感染其他文件。

木马有两个可执行程序：客户端和服务端，即控制端和被控制端。木马有很强的隐蔽性，以“窃取”为目的的远程控制，如盗取用户的网游账号、网银信息、身份信息等。

（四）计算机病毒的传播途径

基于 P2P 模式的网络成为近几年的热门话题之一。P2P 技术的不断发展在提高人们工作效率的同时，也使人们的生活变得丰富多彩，例如，朋友圈、微博、网络直播等。

许多现实世界中的真实网络结构极其复杂，并不属于无标度网络，人们很难把握这些网络结构的规律。进入移动互联网时代，各种在线社交平台蜂拥而至，例如，QQ、微信、Face book、Twitter 等。移动终端（如平板电脑、智能手机、智能手环等）的广泛使用改变了人们的生活方式，使用电脑的人越来越少，一部智能手机几乎满足了生活的所有需求。人们在享受这些社交网络带来便利的同时，也遭受着各种安全威胁，如数据泄露、恶意扣费、钓鱼（诈骗）短信、网页木马、远程受控等。由于在线社交网络规模庞大，种类繁多，因此了解病毒在这些网络上的传播规律是很有价值的。

二、计算机病毒的分类

（一）计算机病毒的类型

计算机病毒从问世以来，病毒的数量、种类在不断地增加，计算机病毒的制造者和传播者使病毒的种类和传播途径更加多样化。计算机病毒的分类如表 5-1 所示。

表 5-1　计算机病毒的分类

分类标准		病毒特点及举例
攻击的系统	DOS 系统	最早出现的病毒，如“小球”“大麻”“黑色星期五”
	Windows 系统	CIH 病毒
	UNIX 系统	威胁计算机信息处理
	OS2 系统	已经发现一个简单的病毒
传染对象	引导型	传染性较大，破坏信息的记录，如“小球”“大麻”
	操作系统型	利用操作系统中所提供的一些程序及程序模块寄生并传染，如“黑色星期五”
	可执行程序型	计算机程序执行的过程就会激活病毒
攻击机型	微型计算机	传染最广泛
	小型机	蠕虫程序
	工作站	对信息系统产生威胁
链接方式	源码型	不易编写且少见
	嵌入型	针对性强且不易清除
	操作系统型	具有很强的破坏力，可以导致整个系统的瘫痪，如“圆点”“大麻”
	外壳型	易于编写、发现，如文件型病毒

续表

分类标准		病毒特点及举例
损坏情况	良性病毒	不彻底破坏系统和数据，但会大量占用CPU时间，降低系统工作效率，如“救护车”“扬基”
	恶性病毒	会破坏系统或数据，造成计算机系统瘫痪，如“火炬”“米开朗基罗”
寄生方式	引导型	可以寄生在主引导区和分区中，通过启动过程感染病毒，如“2708”“火炬”“Girl”
	文件型	寄生在计算机文件中，感染可执行文件或数据文件，如“1575/159”“848”“Macro/Concept”
	复合型	具有更大的破坏性和更多的传染机会，且不易清除，如“Flip”“新世纪”“One-Half”
	目录型	改变相关文件的目录项
	宏病毒	种类多且传播速度快，会破坏系统文件，如“Excel宏病毒”
	网络蠕虫	通过网络传播的恶性病毒
激活的时间	定时	某一特定时间发作
	随机	不是由时钟来激活
传播媒介	单机	载体是磁盘
	网络	传播媒介是网络通道，传染能力更强，破坏力更大
特有的算法	伴随型	产生同样名字和不同扩展名的伴随文件，伴随文件加载优先执行病毒传染
	蠕虫型	通过网络传播和发送，不占用计算机资源
	练习型	病毒自身包含错误且传播不快
	诡秘型	通过设备技术和文件缓冲区等DOS内部修改
	变形（幽灵）	使用复杂的算法，传播一份都具有不同的内容和长度
传染途径	寄生方式	分为引导型和文件型病毒
	传染途径	分为驻留内存型和不驻留内存型

（二）计算机病毒的入侵类型

计算机被病毒入侵主要是指被植入病毒窃取用户数据资料、攻击计算机系统等，病毒入侵一旦发生，将导致计算机各种性能下降或运行不稳定，以至于无法进行正常操作，严重时计算机系统将瘫痪。

1. 源代码嵌入攻击型

该型病毒主要是对语言的源程序进行入侵，其将病毒代码在源程序编译完成之前插入，这就导致新生成的可执行文件附带了病毒代码，变成了一个新的病毒传播源。在源程序里插入病毒代码要求的专业水平较高，以及获取各类软件编译前的源程序有一定的难度，所以此类可执行病毒文件较少出现。

2. 外壳附加型

这种病毒是将其病毒代码嵌入到程序的正常代码内，类似于给程序套上了一个外壳，在使用者执行被嵌入了病毒代码的程序时，病毒代码将在正常程序被调入内部存储器前先行执行。

3. 系统修改型

这类病毒主要攻击操作系统，用自身的程序文件替换或篡改系统中的相应文件，从而替换或执行操作系统中部分应用，多表现为文件型病毒，感染破坏操作系统，危害性大。

4. 代码取代攻击性

该类型病毒主要是用病毒代码覆盖相应被入侵程序的整个或部分代码，这类病毒也少见，它主要作用于特定的程序，因此这种病毒具有极高的隐蔽性，不容易被发现。

三、计算机病毒的危害

计算机病毒之所以令人感到恐慌，主要是因为其具有巨大的危害性，从个人到组织、企业，甚至到国家都随时面临着病毒构成的威胁。在出现初期，病毒通常是直接对用户计算机系统造成破坏，包括格式化硬盘、删除文件、篡改数据、毁坏系统等。随着计算机技术的飞速发展，病毒造成的危害也越来越严重。

早期往往是为了满足个人利益，比如，为了满足个人的好奇心以及恶作剧的心理需求，有的病毒会在其他计算机上显示一些特殊的声音、图像、视频等，这种病毒的破坏力一般不大；为了满足个人的报复心理需求，台湾学生陈盈豪编制了著名的CIH病毒，对全球许多计算机用户造成了巨大的损失。

随着越来越多人的关注，病毒制造者的目的也越来越复杂。其中，获取经济利益成为他们制造病毒的主要目的，如Melissa病毒、ILOVEYOU病毒、Code Red病毒、巨无霸（So big）病毒、熊猫烧香病毒、Wanna Cry（勒索病毒）等。有的病毒是为了获取经济利益，有的则是为了达到政治和军事目的，如Stux net（震网）病毒。

我国互联网用户也深受计算机病毒带来的威胁。我国已是全球互联网用户规模最大的国家。我国计算机用户遭受病毒感染情况比较严重，但随着广大计算机用户安全意识的提升、安全产品的普及和多级防护体系的建立，计算机病毒感染率逐年下降。我国计算机病毒传播的主要途径依次为：网络下载或浏览、局域网传播、移动存储介质和电子邮件；造成的主要危害包括浏览器配置被修改、系统（网络）无法使用、密码与账号被盗、受到远程控制和数据受损或丢失。

进入物联网时代，人们日常生活的大部分家电设备都将高度智能化和网络化。病毒一旦入侵这些设备，甚至会直接威胁到人身安全，造成无法想象的后果。

移动互联网时代的智能手机、智能手环等的使用越来越普遍，甚至人们只需一部智能手机就可以解决生活中的所有需求，如用手机交友、购物、交易、炒股等。然而，针对移动端的病毒也随之而来。

总的来说，计算机病毒是由个人或组织研发，并且出于经济、政治以及军事等目的，来获取一定利益的有效武器。提到计算机病毒，不禁会联想到网络安全，乃至国家安全。各国在积极研究防御病毒策略的同时，也在加快开发强有力的病毒网，究其本质而言，计算机病毒战就是人与人的斗争。

第三节　计算机病毒的防范措施

一、计算机病毒免疫技术

病毒具有传染性。一般情况下，病毒程序在传染完一个对象后，都要给被传染对象加上感染标记。传染条件的判断就是检测被攻击对象是否存在这种标记，若存在这种标记，则病毒程序不对该对象进行传染，若不存在这种标记，病毒程序就对该对象实施传染。

最初的病毒免疫技术就是利用病毒传染这一机理，给正常对象加上这种标记，使之具有免疫力，从而可以不受病毒的传染。因此，当感染标记用作免疫时，也叫免疫标记。

然而，有些病毒在传染时不判断是否存在感染标记，病毒只要找到一个可传染对象就进行一次传染，一个文件能被该病毒反复传染多次，滚雪球一样越滚越大。“黑色星期五”病毒的程序中具有判别感染标记的代码，由于程序设计错误，使判断失效，形成现在的情况，对文件会反复感染，感染标记形同虚设。

二、计算机病毒检测技术

（一）特征判定技术

这是根据病毒程序的特征，对病毒进行分类处理，而在程序运行中凡有类似的特征点出现，就认定是病毒。特征判定技术主要有以下几种方法：比较法、扫描法、校验和法和分析法等。如网络蠕虫常用的扫描策略有如下几种。

①随机扫描。利用随机扫描策略的网络蠕虫，会产生一个伪随机数，利用这个伪随机数确定网络中的 IP 地址，并对其进行扫描。这种扫描策略的优点在于对网络扫描较为彻底，并且简单易实现。缺点是网络空间所有的地址，其

中包含未分配和保留地址，都在随机扫描的范围中。这种大范围的随机扫描容易引起网络拥塞，提高了网络蠕虫在爆发前被发现的可能性，隐蔽性较差。

②选择性随机扫描。在随机扫描的基础之上，排除了被保留和未分配的 IP 地址，并选取一些很有可能被感染的 IP 地址作为扫描的地址空间。相较于随机扫描策略，选择性随机扫描更具有针对性，缩小了扫描的地址空间，加快了网络蠕虫的传播速率。有些蠕虫病毒还会采用多线程进行扫描，以增大扫描速率。在这样的方式下，限制网络蠕虫扫描速率的主要因素就变成网络带宽。

③顺序扫描。随机选取一个 C 类网络并按照顺序对其进行扫描。这一扫描策略的优势在于，一旦选取的网络具有较多可被网络蠕虫利用的漏洞，蠕虫就会在这个网络中产生很好的传播效果。缺点是，顺序扫描可能对同一台主机多次扫描，引起网络拥塞，减弱其隐蔽性。

④初始列表扫描。在网络蠕虫开始传播之前，就生成一个易受感染地址的初始列表，在网络蠕虫释放后，通过该列表扫描选择攻击目标。这一策略中用到的初始列表，通常都是由网络中的关键节点组成。网络蠕虫在初期的传播时间，主要由扫描初始列表的时间决定。初始列表的生成有两种方法。一是，通过小范围扫描和网络中的共享信息生成。二是，通过分布式的信息搜集方法生成比较全面的数据表。这一扫描策略的效率较高，但由于初期搜集信息生成初始列表花费时间较多，可能错失利用漏洞的机会。

⑤可路由地址扫描。利用网络中的路由信息有选择性地对网络地址空间进行扫描。常为网络蠕虫利用的是公开的 BGP 路由表信息，黑客从中获取 IP 地址前缀，以此来验证 BGP 路由信息的可用性。这种扫描策略可以提高网络蠕虫的扫描速率，但蠕虫必须带有路由 IP 地址库。

⑥ DNS 扫描。从 DNS 服务器上获取一些 IP 地址信息，以此作为网络蠕虫扫描的地址库。这样的扫描方式使得网络蠕虫的传播和攻击具有针对性，同时可用性也大大增强。这种扫描方式的缺点是，由于网络蠕虫在传播时需要携带的地址数量较为庞大，所以会对传播速度有一定的影响。

（二）行为判定技术

这是要解决如何有效辨别病毒行为与正常程序行为，其难点在于如何快速、准确、有效地判断病毒行为。如果处理不当，就会带来虚假报警，从而不再引起用户的警惕。

行为监测法是常用的行为判定技术，其工作原理是利用病毒的特有行为特性进行监测，一旦发现病毒行为则立即报警。经过对病毒多年的观察和研究，人们发现病毒的一些行为是病毒的共同行为，而且比较特殊。在正常程序中，这些行为比较罕见。

三、计算机病毒防治策略

（一）树立计算机病毒防范意识

重视计算机病毒可能给计算机安全带来的危害，养成良好的计算机操作习惯，不运行和打开来历不明的程序、电子邮件，不访问非法、山寨网站，定期对计算机内重要数据和文件进行异地备份。掌握一些必要的计算机病毒防范知识，以减少病毒可能对计算机系统造成的损害。

（二）修补系统及应用程序漏洞

系统提供商会不定期发布计算机操作系统及安装其上的应用程序的漏洞和补丁，计算机用户要及时更新最新的安全补丁，以避免病毒利用系统及应用软件的漏洞进行传播，减少黑客或病毒的危害。如计算机操作系统比较老旧，系统提供商已经停止该版本更新维护的，还应及时升级操作系统至更新的版本。更新与升级操作系统，对于任何一个操作系统来说，都不是完美的，随着使用时间的增长，其系统漏洞就会逐步显现，从而产生较大的安全隐患。因此，在平时使用计算机的过程中，要保持操作系统的及时更新，保持一个安全健康的使用环境。对于电脑上的常用软件，我们也应该及时更新，确保匹配电脑的操作系统。

（三）发现及清除计算机病毒

面对层出不穷的新病毒和变种病毒，安装正版杀毒软件和防火墙等防御性软件就显得十分必要，要及时升级杀毒软件病毒库和扫描引擎，使其保持在最新的状态，以便能及时隔离、查杀新病毒和变种病毒。定期或设置按时自动扫描计算机，能保障计算机系统的健康运行并及时清除病毒。

（四）阻断感染计算机病毒的途径

通过了解计算机病毒常见的入侵和传播途径，可以在很大程度上减小计算机感染病毒的概率，联网计算机不要在不了解的网站下载运行应用程序，不要随意打开微信、QQ 等聊天工具或论坛上的未知链接，设置网络接入和计算机登录密码时，应在区分大小写的同时，充分运用包含符号、字母、数字的组合性密码，避免使用过于简单的密码组合，以提高网络和系统的密码安全性。不要随意启用计算机的共享功能，日常在使用光盘、U盘等安装应用程序和拷贝文件时，应先使用杀毒软件进行扫描，防止带毒文件通过存储介质感染计算机。

随着现代信息技术和互联网的不断发展，计算机的普及率越来越高，伴随的计算机病毒类型和传播方式也发展得十分繁复，其具有的传染、隐蔽和破坏等特性不仅给计算机技术的应用和发展带来潜在的风险，也给普通用户的日常生活造成了一定的困扰。因此，我们需要积极做好病毒防范措施，有效控制和减少发生病毒感染和传播的可能，降低乃至避免计算机病毒造成的自身损害及蔓延。

（五）文件加密及数据备份

为了防范计算机病毒攻击系统文件程序的攻击，要对电脑中的重要文件分门别类地运用加密技术进行处理，提高计算机病毒攻击的难度，保证系统正常安全地运行；还要养成良好的计算机防范和预防意识，定期对电脑中的数据做备份处理，降低计算机病毒带来的损失。

（六）杀毒软件与防火墙安装

计算机病毒防范措施中最重要的一条也是必备的措施就是给电脑安装相应等级的防火墙，安装相应的杀毒软件。根据每个系统防护级别的不同，安装多个杀毒软件形成立体矩阵的计算机安全防护网，并及时更新和升级杀毒软件和防火墙，做到有效防范计算机病毒。

选择合适的杀毒软件至关重要，在选择杀毒软件时应注意以下几点：针对疑似被感染病毒的位置，准确地查杀病毒；优先选择具有快速查找能力的杀毒软件；针对特定病毒，如果有专用查杀工具，可以结合查杀；针对寄宿发作特点的病毒，需要彻底查杀；当下载不明成分的压缩包时，杀毒软件需要对压缩包进行全面透彻的分析；选择具有实时监控功能的杀毒软件可以降低计算机被感染风险；针对突发病毒，杀毒软件能否快速更新其病毒库进行查杀，应该优先选择具有定期更新病毒库的杀毒软件；当感染病毒后，如果可以进行应急修复，则可以减轻病毒的危害；当感染病毒后，选择专家指定推荐的杀毒工具可以提高解毒率。

开放的互联网环境无法完全杜绝计算机病毒的传播，为了防止病毒对计算机内部信息和数据的伤害，我们必须未雨绸缪，提高个人预警意识，同时采取切实有效的预防措施减少计算机病毒的发生率，当计算机系统遭到病毒入侵时，及时采取应急修复措施，可以最大程度地降低损害。

（七）控制计算机病毒的传播

计算机病毒是网络空间中一种十分常见的攻击手段，攻击者编写病毒程序并发布到网络中，一旦感染网络中的某些终端设备，那么就有可能进行大规模传播，直至感染更大范围的网络空间。病毒可以执行一些恶意操作，如篡改数据、删除文件等，因此可能造成极大的经济损失。卡巴斯基在2019年第一季度共拦截843 096 461次攻击，遍及全球203个国家。由此可见，病毒攻击已然成为全球范围内人们共同关注的一类网络空间安全威胁。因此，抵御计算机病毒是网络空间安全领域中一项长期的任务。

与疾病类似，病毒同样具有传播性。正因为如此，蓬勃发展的网络传播动力学为研究病毒在网络空间中的传播提供了恰当的研究途径。仓室级模型、网络度模型和节点级模型均被广泛用于研究病毒的传播规律。通过这些研究，人们能够较好地理解病毒在网络空间中的传播规律，从而能够提出有效的病毒控制策略。

为了减小病毒造成的负面影响，防御者必须采取适当的病毒控制策略。当前，从防御者的角度来看，病毒的控制策略可以大致分为两类：静态控制策略和动态控制策略。当防御者希望采取静态控制策略时，病毒的控制问题将是一类最优化问题，其目的是寻找一种静态控制策略，使得病毒造成的负面影响达到最小。当防御者希望采取动态控制策略时，病毒的控制问题将是一类最优控制问题，其目的是寻找一种动态控制策略，使得病毒造成的负面影响达到最小。一般地，由于病毒传播是随时间不断变化的，因此，最优控制理论被广泛应用于研究各种病毒的控制问题。

由于病毒具有多样性，因此可以在不同类型的网络中进行传播。随着5G的快速发展，智慧城市正快步到来，迎来物联网的新纪元。无线传感器网络（Wireless Sensor Network，WSN）作为物联网的重要支撑之一，其主要目的是采集、处理和传输数据。WSN具有广泛的应用场景，突显了其在现代社会中的重要地位。然而，由于WSN的各种限制，如能量限制等，使得WSN容易遭受病毒入侵。在WSN中，病毒可以进行传播，从而破坏WSN的正常运行。病毒在WSN中造成的危害可以是非常巨大的。例如，在无人驾驶中，大量的传感器将采集大量的环境数据用于智能决策，在遇到紧急情况时，这些数据能够为汽车做出最佳响应提供充足的依据。想象一下，一旦无人驾驶汽车中的传感器被病毒感染，那么就有可能使汽车做出错误的决策，导致严重的交通事故。因此，抵御病毒在WSN中的传播就成了当前网络科学领域中的一个研究热点。

近年来，研究者们提出了许多针对 WSN 的病毒传播模型。在这些工作中，通常假定传感器被均匀地撒在一个规则区域中，如矩形、圆形等，然后在遭受病毒攻击的背景下，研究不同状态的传感器所占比例随时间的演化规律。因此，这些传播模型均属于仓室级模型。然而，在实际中，WSN 可以具有任意的结构，因此，更细粒度的节点级模型能够更加准确地刻画传感器网络结构对病毒传播的影响。

（八）良好的计算机使用习惯

作为计算机的使用者，要充分认识到传播病毒的危害，从用户角度就应该不制作、不传播、不适用计算机病毒，增强法律意识，营造良好的互联网环境，支持正版软件，打击盗版软件，树立版权意识。

在对互联网上的陌生邮件、链接、视频图片等保持警觉性，第一时间用杀毒软件进行扫描，结果显示安全无毒后再进行相关的工作，保证电脑的安全使用环境；不要下载来历不明的软件程序，也不要拷贝盗版软件；在网吧等客流量较大的地方，尽量减少使用 U 盘等工具传输数据；定期进行病毒查杀，降低病毒潜伏率，提高计算机免疫力；使用云备份重要文件，预防病毒对重要文件的劫持；优先使用优秀付费杀毒软件，推动一个更健康的行业氛围。

第四节 计算机病毒发展的新技术

一、抗分析病毒技术

计算机病毒的广泛传播推动了反病毒技术的不断创新与发展，也促进了计算机病毒新技术的不断更新。针对计算机病毒的分析技术，出现了抗分析病毒技术，这样可以更加清楚地分析病毒的类型和病毒入侵的原理。

（一）密码技术

可以说从人类诞生开始，密码学就开始产生了，密码学的发展估计有上千年的历史了，它是一门古老的学科，具有非常绚丽多彩的故事。历史上有很多故事都是和密码学相关，特别是在战争时期，加密信息的传输与破译在战争年代每天都在上演着。同样密码技术的发展也是不断变化，但是由于处于特殊的背景下，再好的技术也是只能存在于历史中。任何新技术的发展和创新都需要经过严格的筛选。发展到现在，密码学已经是大家随意可以触及的了，借助计算机技术，其发展和创新更加迅速和丰富。当前的密码学已经渗入到各领域中，从计算机到通讯再到数学等都在促进者密码学的发展。在 1976 年，两位资深的科学家揭开了密码学的神秘面纱，他们发表了密码学的主要原理即利用密钥加解密的思路。从那以后，密码学就再也不需要隐藏于黑暗中了，它不断地融入人们的社会生活中来，为促进社会的和谐平等发展做出的巨大的奉献。密码学的发展进入的繁荣时期。

随着公钥密码算法的提出，世界上几乎所有的密码算法变得都以此算法为基础，虽然算法多种多样，但是基本的原理都是一样的，无非就是密钥的强弱与健壮性区别。这就是后期的非对称技术，其中公钥可以公开，私钥则需要安全保密。加密密码以及解密密码也可以是公开的。有人会怀疑密钥的不安全性，这无须担心，因为这种算法是不可逆的，无法通过公钥算出私钥。

虽然公钥算法很容易理解和实现，但是被破译的占绝大部分，经过时间的推移，最后剩余下了的算法寥寥无几。目前的密码学技术的技术基础都是数学难题。算法分类主要有 RAS、RABIN、LUC 等。其中 RSA 出现的比较早，但是随着计算机的发展，被破译的概率愈来愈高，这也间接迫使 RSA 速算法不断的加长自己的密钥长度，但是反过来也导致加密的耗时增加很多，此种算法也逐渐被其他算法取代。随之而来的就是非对称加密算法了，它的密钥长度很短，加密效率很高，而且在安全性能上不输于长密钥的 RSA 算法。每次计算的时候都会以椭圆曲线的某点作为基点，在经过复杂的运算后得出结果。同样，此种说法也是基于椭圆算法的数学难题，如果有一天此数学难题被破解，那么此种说法瞬间就会被破译。按照当前的技术水平还是无法破解此数学难题的，这也是非对称密码算法是目前最流行的说法的原因之一了。它也被大量运用到科技、军事、经济中去，正因如此，也被列入国际标准 IEEE 中。

将要加密的明文按照一种特定的加密算法进行计算，变换得到加密后的密文。黑客将加密技术应用于计算机病毒，其实就是把病毒的代码和数据作为明文利用加密算法进行加密。通过加密技术可以消除计算机病毒原有的代码和数据的特征，提高计算机病毒的防御能力。加密算法多种多样，不同的加密算法保密强度不同。比较简单的加密算法可以使用异或、移位等。保密性越强的算法用于蠕虫病毒，产生的防御效果也会约好。

（二）反跟踪技术

这种技术可以在不执行病毒的情况下阅读加密过的病毒程序；也可以分析无法动态跟踪病毒程序的情况下，反跟踪病毒从而分析出病毒入侵的工作原理。

对于动态病毒和静态病毒都可以进行处理。

二、隐蔽性病毒技术

病毒在传播过程中不需要特殊的隐蔽技术就可以达到广泛传播的目的。而且这种隐蔽性病毒刚开始的时候不易被发现，病毒可以长时间地存在于计算机系统中，逐渐被大面积地感染从而造成大面积的破坏。因此隐蔽性病毒技术就是病毒能够很好地隐蔽自己而不被发现。

隐蔽性病毒在广泛传播的过程中就会利用自身的技术优势躲避针对性的病毒检测，而成功地潜入计算机系统的运行环境中，采用特殊的隐形技术隐蔽自己的行踪，计算机用户感觉不到病毒的存在，计算机病毒检测工具也难以检测到此类病毒的存在。

三、多态性病毒技术

这是指采用特殊加密技术编写的病毒，这种病毒每感染一个对象，就采用随机方法对病毒主体进行加密，不断改变其自身代码，这样放入宿主程序中的代码互不相同，不断变化，同一种病毒就具有了多种形态。

多态性病毒的出现给传统的特征代码检测法带来了巨大的冲击，所有采用特征代码法的检测工具和清除病毒工具都不能识别它们。被多态性病毒感染的文件中附带着病毒代码，每次感染都使用随机生成的算法将病毒代码密码化。由于其组合的状态多得不计其数，所以不可能从该类病毒中抽出可作为依据的特征代码。

多态性病毒也存在一些无法弥补的缺陷，所以，反病毒技术不能停留在先等待被病毒感染，然后用查毒软件扫描病毒，最后再杀掉病毒这样被动的状态，而应该采取主动防御的措施，采用病毒行为跟踪的方法，在病毒要进行传染、破坏时发出警报，并及时阻止病毒做出任何有害操作。

多态性病毒的技术手段更加高明。这种计算机病毒能够在自我复制时，主动改变自身代码以及其存储形式。由于这种病毒具有变形的能力，所以它们没有特定的指令和数据，因此通过特征码来检测这类病毒也是不可行的。

这种病毒的变形过程由变形引擎负责。多态变形引擎主要由代码等价变换和代码重排两个功能部分组成。其中代码等价变换的工作是把一些指令用执行效果相同的其他指令替换。在病毒代码经过等价变换后，其长度会发生变化，并且有些病毒还会采用随机插入废指令、变换指令顺序、替换寄存器等方式进一步变形代码。所以接下来，代码重排需要做的就是重新排列代码以调整偏移寻址指令的偏移量。

四、超级病毒技术

这是一种很先进的病毒技术，其主要目的是对抗计算机病毒的预防技术。信息共享使病毒与正常程序有了汇合点。病毒借助于信息共享能够获得感染正常程序、实施破坏的机会。反病毒工具与病毒之间的关系也是如此。如果病毒作者能找到一种方法，当一个计算机病毒进行感染、破坏时，让反病毒工具无法接触到病毒，消除两者交互的机会，那么反病毒工具便失去了捕获病毒的机会，从而使病毒的感染、破坏过程得以顺利完成。

五、插入性病毒技术

病毒感染文件时，一般将病毒代码放在文件头部，或者放在尾部，虽然可能对宿主代码做某些改变，但总的来说，病毒与宿主程序有明确界限。

插入性病毒在不了解宿主程序的功能及结构的情况下，能够将宿主程序拦腰截断。在宿主程序中插入病毒程序，此类病毒的编写也是相当困难的。如果对宿主程序的切断处理不当，则很容易死机。

六、破坏性感染病毒技术

这是针对计算机病毒消除技术而设计的。计算机病毒消除技术是将被感染程序中的病毒代码摘除，使之变为无毒的程序。一般病毒感染文件时，不伤害宿主程序代码。有的病毒虽然会移动或变动部分宿主代码，但在内存运行时，还是要恢复其原样，以保证宿主程序正常运行。

这种技术将病毒代码覆盖式写入宿主文件，染毒后的宿主文件丢失了与病毒代码等长的源代码。如果宿主文件长度小于病毒代码长度，则宿主文件全部丢失，文件中的代码全部是病毒代码。一旦文件被破坏性感染病毒感染便如同得了绝症，被感染的文件，其宿主文件少则丢失几十字节，多则丢失几万字节，严重的甚至会全部丢失。如果宿主程序没有副本，感染后任何人、任何工具都无法补救，所以此种病毒无法做常规的杀毒处理。

一般的杀毒操作都不能消除此类病毒，它是杀毒工具不可逾越的障碍。破坏性病毒虽然恶毒，却很容易被发现，因为人们一旦发现一个程序不能完成它应有的功能，一般会将其删除，这样病毒根本无法向外传播，因而不会造成太大的危害。

第六章 网络信息安全风险评估与管理

随着信息通信技术的不断进步，信息化已经而且将更加深刻地影响世界各国经济社会发展，同时改变着人们的生产和生活方式。风险评估作为系统安全管理中一个重要的工具，它通过对信息系统进行全面的安全识别和风险评估，有计划地消除或降低风险，从而使得系统风险降低到可接受程度，大大提升了信息系统的安全性。本章分为网络环境下信息安全风险评估、网络信息安全风险评估关键技术、网络环境下信息安全风险管理三个部分。主要包括信息安全风险评估相关概念、评估标准、评估方法和评估技术等内容。

第一节 网络环境下信息安全风险评估

一、信息安全风险评估相关概念

（一）信息安全风险评估定义

信息安全风险是信息系统中存在的脆弱性被威胁成功利用后引发了安全事件，潜在的威胁演变成安全事件会对信息系统造成的负面影响。信息安全涵盖了网络安全、系统安全、应用安全、数据库安全等内容，而网络安全在信息安全中占据很重要的地位。

网络信息安全风险评估定义为：识别网络系统中存在的威胁、漏洞、资产，对威胁成功利用漏洞后对网络系统带来的风险大小进行准确、有效的评估，并对风险评估结果实施安全防护策略用以抵御威胁，从而降低潜在威胁和未知安全事件造成的负面影响。

（二）网络安全风险评估要素

风险评估涉及 5 个关键要素，包括资产、漏洞、威胁、风险和安全措施。

各要素之间的关系、关键要素以及关键要素相互关联的属性如下。

①组织业务战略强调了对拥有的一切资产的依赖程度。

②每个资产都具有相应的价值，组织拥有的一切资产价值越大，其业务战略越依赖于资产。

③威胁可以增加网络系统的风险，如果威胁成功利用漏洞后会演变成网络攻击事件。

④漏洞利用成功后会对资产价值带来负面影响，漏洞暴露了资产价值。

⑤漏洞是安全需求没有得到满足，会影响组织业务战略的正常运营。

⑥风险的评估导出安全需求。

⑦通过分析实施安全措施的防护成本，利用安全措施满足安全需求。

⑧实施恰当的安全措施可以降低风险，并成功抵御潜在威胁。

⑨在有限预算的条件下实施安全措施后控制了一部分风险，还有一部分风险仍存在于网络系统当中。

⑩如果对残余风险不进行及时的控制，将来可能诱发未知的网络攻击事件。

从以上关系可知，业务战略依赖程度越低，属于资产的漏洞越多，则资产面临的威胁越多；不当或无效的安全措施，抑或是未及时控制的残余风险，都会导致安全风险增大。

二、信息安全风险评估标准及模型

网络安全风险评估是一个极其复杂的过程，一个完备的风险评估体系架构涉及相关的评估标准、模型架构、技术体系、法律法规和组织架构。在安全风险评估中，安全模型、评估标准、评估方法等一直都是重要的研究内容。

（一）安全评估标准

在安全风险评估的研究工作中，国外已有 20 多年的历史，从 20 世纪 80 年代起，世界各国政府陆续对安全评估开展了相关研究，美国、欧盟、加拿大等以及国际标准化组织陆续颁布了一系列安全评估标准及安全评估方法。安全评估标准的发展包括两个阶段。

1. 本土化阶段

美国 1983 年颁布了可信计算机系统评价标准 TCSEC，它是计算机系统安全评估的第一个正式标准，具有划时代的意义。该准则于 1985 年 12 月由美国国防部公布。TCSEC 最初用于军用标准，后来应用于民用领域。计算机系统被

TCSEC 从高到低划分为 4 个等级和 7 个级别。TCSEC 的局限性是只考虑数据的机密性，忽略了完整性和可用性等。该标准适用于单个计算机系统，不适用于计算机网络系统的安全评估。1992 年 12 月，美国国防部公布了联邦准则 FC，是对 TCSEC 的升级，该准则引入了“轮廓保护”的概念，是军用、民用和商用共同的标准。

紧随其后，英国、加拿大、德国等国相继制定了适应于本国国情的相关安全评估标准。例如，英国的可信级别标准（MEMO 3 DTI）、加拿大的《可信计算机产品评估准则》（CTCPEC）、德国评估准则 ZSEIC 和法国评估标准（B-W-R BOOK）等。

2. 多国化阶段

英、法、德、荷四国国防部门信息安全机构于 1991 年率先联合制定了欧盟共同的评估标准——《信息技术安全评估准则》（ITSEC），这标志着信息安全评估标准从本土化阶段转向多国化阶段。ITSEC 相对 TCSEC 考虑更全面，定义了数据的机密性、完整性、可用性等，且适用于单机和网络系统的评估。

在欧盟四国颁布 ITSEC 之后，美国联合英国、德国、法国、加拿大、荷兰五国制定首个通用于各国的信息安全评估标准，达到占领信息安全市场主动权的目的。经过 1993 年至 1996 年的研究开发，颁布了《信息技术安全通用评估准则》，简称 CC 标准 6，其框架源自 ITSEC、CTCPEC 和 FC. CC 标准一个明显的缺陷是没有数学模型的支持，即理论基础不足。CC 标准出台之后，在六国多年协商和联合推动下，CC 标准被国际标准化组织正式列入国际标准体系，并于 1999 年将 CC 标准更名为“ISO/IEC15408-1999”。

我国也开展了安全评估标准的研究并颁布了相关标准与准则，然而相应的技术体系还处于研究阶段。我国于 1999 年 9 月制定了《计算机信息系统安全保护等级划分准则》，制定出计算机信息系统安全划分到 5 种保护级的准则。2001 年 3 月制定了《信息技术安全技术信息技术安全性评估准则》，该标准参考于 CC 准则 ISO/IEC15408-200119。2007 年 6 月制定了《信息安全技术信息安全风险评估规范》，定义风险评估为“对信息系统中资产面临的潜在威胁进行有效的评估，以及人为或自然的威胁利用信息系统中存在的脆弱性引发安全事件，对导致安全事件发生的可能性进行有效评估，并结合安全事件所关联的资产价值来预测和判断潜在的、未知的安全事件对信息系统造成负面影响”。

随着信息技术的飞速发展，网络互联以及信息化建设已经深入到社会各个组织具体业务之中，信息技术的普及为企业带来了高效率、低成本的运作和沟通。同时，电子商务和电子政务的广泛应用也在现实生活中随处可见。但是，在这些信息技术为我们带来巨大商机和便利的同时，也使我们不得不面对前所未有的挑战，信息安全问题日益突出。

国际及国内的相关安全组织、政府相关部门开始制定适合自己的信息安全标准以应对日益突出的安全问题。将信息安全工作标准化不仅仅关系国家安全，同样也保护国家利益、促进产业健康发展，是解决信息安全问题重要技术支撑。在这个信息爆炸的时代，互联网的发展速度是惊人的，由此引发的网络安全问题和信息安全问题已经迫在眉睫。因此积极推动信息安全的标准化，才能使我们在全球一体化竞争中牢牢掌握主动权。由此可见，信息安全工作标准化将是一项长期的、复杂的和艰巨的工作。

（二）网络信息安全风险评估模型

网络信息安全风险评估可以被看作一个动态的、持续改进的过程，目前世界各国相继提出了一些经典的动态安全体系模型，用于抽象描述风险评估过程。

比较典型的模型有 PDR 模型、P2DR 模型、APPDRR 模型、PADIMEE 模型以及我国的 WPDRRC 模型等等。其中，偏重技术理论的 PDR 模型、P2DR 模型和 APPDRR 模型都是美国的 ISS 公司提出的动态安全体系的代表模型。PDR 模型（Protection Dection Response）中认为从保护、检测、响应三个方面进行，响应是对非授权访问的直接反馈；后来 PDR 模型中添加了恢复（Restore），强调自身恢复；PADIMEE 模型则是兼顾技术和管理更为全面，通过技术、需求以及安全响应周期的基础上体现了持续循环。我国结合实际情况推出了 WPDRRC 模型，该模型在此前的基础之上添加了预警和攻击反制，能针对不同的安全问题采用同的安全措施。

APPDRR 模型包括了风险评估、系统防护、安全策略、动态检测、灾难恢复和实时响应六个环节，可以描述网络安全的动态循环流动过程，并在此过程中网络安全逐渐得以完善和提高，最终达到保障目标网络安全的目的。该模型认为第一个重要环节是风险评估，并将风险评估的重要性提升到前所未有的高度。以风险评估为核心，全面掌握当前网络所面临的潜在威胁，实施恰当的安全策略进行风险控制，促使网络安全状况发展为一个动态螺旋上升的过程。

偏重管理的 PADIMEE 模型是安氏领信公司提出的。模型包括了策略、评估、设计、执行、管理、紧急响应和教育七个方面。PADIMEE 包括了 P2DR 和 APPDRR 中的动态检测内容，同时涵盖了安全管理的要素。通过管理环节辅以安全措施，以最小代价获取最大收益，最终实现网络安全目标。

为了进一步适应信息系统安全新需求，国家 863 信息安全专家组推出了 WPDRRC 模型，该模型在 PDRR 模型的基础上增加了预警、反击两环节，涵盖 6 个环节和 3 大要素。模型包括预警（W）、保护（P）、检测（D）、响应（R）、恢复（R）和反击（C），突出了人员、策略和技术 3 大要素的重要性，同时指出各个要素之间的内在联系。该模型在我国安保工作中发挥着日益重要的指导作用。

三、风险评估等级保护

风险评估是一项基本的信息安全活动，没有风险评估，便难以准确了解信息安全态势，更不可能形成有针对性的信息安全解决方案。信息安全建设的最终目的是服务于信息化，但其直接目的是控制安全风险。风险评估将导出信息系统的安全需求，所有信息安全建设都应该以风险评估为起点。

由于我国的信息安全基础比较薄弱，信息安全建设曾一度缺乏高效的指导，导致基础信息网络和重要信息系统普遍存在较大的安全隐患，安全措施不合理，必须对我国的基础信息网络和重要信息系统开展全面的、正式的风险评估，以此为基础设计安全方案，增强基础信息网络和重要信息系统的信息安全防护水平。

信息安全等级保护同样是风险管理思想的体现。信息安全等级保护要求坚持分级防护、突出重点。风险是客观存在的，没有绝对的安全，即使是理论上也难以做到绝对安全。安全与成本总是成正比的，安全是风险与成本的综合平衡。等级保护要求对信息系统要突出重点、分级防护，做到正确的评估风险，采取科学的、客观的、经济的、有效的措施，避免盲目地追求绝对安全和完全无视风险。

从理论上讲，不存在绝对的安全，实践中也不可能做到绝对安全，风险总是客观存在的。盲目追求安全和完全回避风险是不现实的，也不是分级防护原则所要求的。要坚持分级防护、突出重点，就必须正确地评估风险，以便采取有效、科学、客观和经济的措施。

风险管理是等级保护的理论依据和方法学。等级保护强调了信息系统按照分级的原则实现相对应级别的安全功能。在这个过程中，信息系统安全级别的确定、安全需求的导出、安全保障措施的选择、安全状态的检查，无一不需要风险管理的思想和风险评估工作的支持。当然，在某些情况下，并不需要实施完整的风险评估，可能只需要评估信息系统资产的重要性或者信息系统面临的威胁等，以控制风险评估的成本。

等级保护是围绕信息安全保障全过程的一项基础性的管理制度，是一项基础性和制度性工作。通过等级保护的实施，国家才能够对重要信息系统和基础信息网络实施总体指导和监管。但是，由于信息系统千差万别，等级保护提出的各个等级的安全要求，只能是基线要求，即最低要求。一个具体的信息系统，要实现其安全等级所必需的安全要求，但还要通过风险评估，发掘更细粒度的安全需求。

第二节 网络信息安全风险评估关键技术

一、风险评估方法

（一）定性分析法

所谓的定性分析法又称“非数量分析法”，使用其进行系统风险评估时主要依靠评估人员的专业知识、丰富经验以及主观的判断和问题分析能力来评估和推测系统运行过程中发生的各种安全事件的历史记录以及评估现有这些安全事件所造成的系统损失情况、安全事件带来内外环境变化情况等。通过对非量化因素的综合考虑，从而对系统的安全现状与风险做出评估判断的过程，是常用的分析方法之一。定性分析法的核心是针对研究对象的“质”进行分析，在分析评估的过程中通过运用归纳、演绎、综合分析、抽象概括等方法对各种资料进行加工后，取其精华去其糟粕，从而更好地认识事物，并对其本质进行准确描述。从对结果精准度进行考量，定性分析主要包含两个不同层次：其一是精准度较低的定量分析，在该层次中研究的结果仅是定性结果的描述材料，并没有对结果依据进行数值化度量来确认，因此结果较为主观并不客观；第二种定性分析法是在进行了严格的定量分析基础上对事物进行总结性定性分析，该种分析法得到的结果与第一种相比更加客观与准确。

常见的典型定性分析下方法主要包括历史比较法、逻辑分析法、因素分析法、德尔斐法等。定性分析法的优点是操作简单、易于理解与实施。缺点显而易见，是由于分析的过程中使用的大部分方法都受限于测试者本身知识与经验因此结果过于主观，很难准确反映现实情况。分析结果的准确性往往决定于评估者自身水平的高低。此外，当所有的分析依据的素材都是主观的时候，很难客观地评价其准确性和实际管理性能。

（二）定量分析法

与定性分析法相反，定量分析法是“数量分析法”，它的主要内容是运用量化的指标对对象系统进行分析评估，并结合数学统计分析方法工具对经过数值量化后的指标进行加工、处理，并根据实际数据情况得出量化分析结果。与定性分析相比其结果更具有准确性。

常见典型的定量分析方法主要有时序模型、因子分析、回归模型、聚类分析、风险图法、决策树法等。

通过定量分析得到的结果充分地建立在独立客观的方法和衡量标准之上，并在进行具体定量分析的同时，有丰富具有意义的过程数据统计分析结果，同时以数量表示的评估结果更加易于理解。但是，由于评估因素间的复杂关系完全量化评估是很难实现的，也是不切实际的。因此通常在进行定量分析的过程中所采用的量化模型均在某些方面进行了简化。

与定性分析相比，定量分析的目的在于更加准确地定性，从而使得定性分析所得到的结果更加科学、准确。因此可以说，这两种方法从最终目的上还说是目的统一的，从方法实施过程上来说是互相补充的。

（三）定性与定量结合分析法

众所周知，事物的组成因素都是极其复杂的，譬如说对一个系统进行整体的风险评估更是一个复杂的过程，在实际评估一个事物时往往要完全量化这些因素是非常不切实际的。因此在实际分析过程中需要在客观性和主观性方面进行平衡，因此往往将定性分析的方法和定量分析方法进行有机的结合，使其共同完成对事物的评估与分析。

定性与定量结合的分析方法，国内外比较常用的几个主要包括层次分析法、模糊综合评判法、网络分析法以及相关分析法等，也有根据上述方法进行改良的其他方法。系统风险分析作为一个典型的场景，在进行具体评估的过程中势必要使用这些方法。

二、网络信息安全风险评估技术

（一）未确知测度的风险评估技术

由于在网络环境下信息安全风险组成以及风险因素构成极其复杂，无法进行完全的量化，因此在传统信息系统风险评估方法中，对于无法进行量化情况大多采用模糊综合评判法。然而在进行模糊综合评判的过程中，状态集函数的模糊隶属度不满足“归一性条件”以及“可加性原则”，会直接导致评估结果不可信的；而模糊集的运算也损失了许多信息，导致结果失真；此外，评判专家由于条件限制所掌握的信息不足以把握风险的数量关系或风险所处的真实状态，会在主观认识上产生不确定性，从而无法保证评估结果的准确性。基于未确知测度的信息系统风险评估模型，对风险评估中的主观不确定性，通过对信息系统风险评估指标体系的建立与分析并利用量化指标权重和多指标综合测度评价矩阵，对未确知测度进行了量化从而给出了一种适合信息系统特点的未确知测度风险评估模型。

在该评估模型中，对于指标权重的量化是其模型的核心。它的精确度和科学性直接影响评价的结果。在众多权重的确定方法之中，通过对典型的方法有熵值法、聚类分析法、德尔菲法、层次分析法等进行综合分析后得出各种分析方法的优缺点，如表 6-1 所示。最终，基于未确知测度的评估模型实际选择了层次分析法来对指标权重进行评估。

表 6-1　指标权重量化方法

方法	优势	劣势
熵值法	能够反映指标信息熵值的效用价值，其给出的指标权重有较高的可信度	缺乏各指标间的横向比较
聚类分析法	多项指标的重要程度分类	不能确定单项指标的权重
层次分析法	根据专家的知识和经验对评价指标的内涵与外延进行判断，并对专家的主观判断进行了数学处理，指标之间相对重要程度的分析更具逻辑性，适用范围广	无
德尔菲法	根据专家的知识和经验对评价指标的内涵与外延进行判断，适用范围广	科学性和可信度不如层次分析法

其中层次分析法是通过分层的方法将与决策强相关的元素分解成目标、准则、方案等层次，在此基础之上进行定性和定量分析的决策方法。其主要内容包括以下几个步骤：建立递阶层次结构模型；构造出各层次中的所有判断矩阵；针对某一标准计算指标权重以及最后的整体综合评价。

而在具体应用层次分析法对实际问题进行决策时，重点在于如何把问题依照某种角度逻辑条理化地梳理并结合层次化的思想将问题抽象成一个多层次模型。该模型能将一个非常复杂的系统性问题，分解分拆成由许多不同的独立元素共同组成。而与此同时，对于每一层的单一独立元素，根据其内部属性以及关系又可以对其继续进行层次化分拆。一般说来，上一层次的元素将作为下一层次的准则对其起到支配作用。

虽然通过层次结构模型能够对问题各个层级各因素之间的关系有比较直观的反映，但在对其整体进行衡量的过程中可以发现，每层各个元素对于目标作用，各个元素的重要性其所占的比重并不是完全一致的。而在确定具体指标因素具体的比重时，如何对其比重进行准确量化是非常困难。往往会涉及如何比较多个因子对某一因素影响的大小这一问题。为了解决该问题，采用建立成对判断矩阵来对因子进行两两比较是一个常用的做法。

（二）信息融合的层次化风险评估技术

由于信息系统在运行的过程中，存在大量的多元异构数据与网络数据交互，在此之中存在各种安全方面的问题，而基于信息融合的层次化风险评估模型主要便是面向系统运行过程中多元异构数据和大规模网络安全等方面的需求。

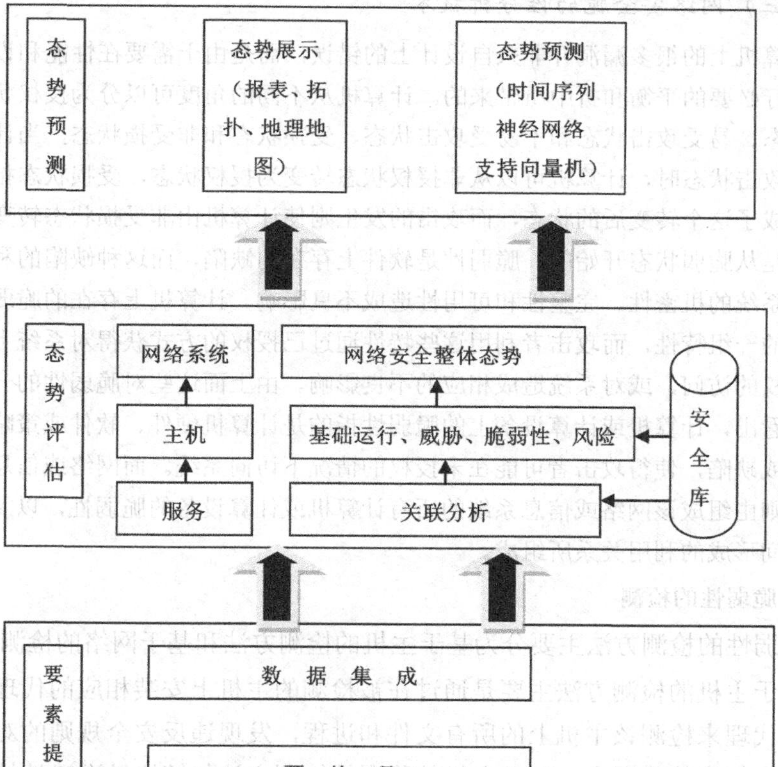

图 6-1　层次化系统安全评估模型图

该模型主要将信息系统的风险评估分为三个阶段：要素提取、态势评估以及态势预测。其中要素提取主要是对风险评估的指标信息进行采集，主要的数据来源包括入侵检测系统、防火墙、开源 Snort 等多源异类安全事件数据。在对事件数据进行采集获取之后，需要将它们进行数据清洗、预处理以及集成；在具体的态势评估阶段，通过层次分析法，将系统拆分为服务层、主机层、网络系统层等多个层次，并对各个层次进行独立分析，对相应层次上的网络态势、威胁态势、脆弱性态势和风险态势进行专项态势评估，在此基础上进行综合分析得到整体安全态势评估情况。而在通过态势模型能对当前态势进行量化评估之后，可以在态势预测阶段，使用可视化的方式展示当前整体态势，并且通过采取态势变化数据利用态势预测算法对未来态势进行预测，从而达到对系统的风险评估与预测。层次化系统安全评估模型如图 6-1 所示。

（三）网络安全脆弱性分析技术

计算机上的很多漏洞并非来自设计上的错误，而是由于需要在性能和设计限制之间进行必要的平衡和折中所带来的。计算机从不同的角度可以分为授权状态和非授权状态、易受攻击状态和不易受攻击状态、受损状态和非受损状态，当计算机处于易受攻击状态时，计算机可以从非授权状态转变为授权状态，受损状态指的是计算机完成了这个转变后的状态，而攻击的发生则使计算机由非受损状态转变为受损状态，是从脆弱状态开始的。脆弱性是软件上存在的缺陷，而这种缺陷的利用将对计算机系统的机密性、完整性和可用性造成不良影响。计算机上存在的脆弱性是系统本身的一组特性，而攻击者利用这些特性通过已授权的方式获得对系统上的资源的未授权的访问，或对系统造成相应的不良影响。由上面这些对脆弱性的一系列描述可以看出，计算机或计算设备上的脆弱性指的是计算机硬件、软件或策略上存在的漏洞或缺陷，使得攻击者可能在未授权的情况下访问系统。而网络或信息系统的脆弱性则由组成该网络或信息系统的所有计算机或计算设备的脆弱性，以及这些脆弱性之间形成的利用关系所组成。

1. 脆弱性的检测

脆弱性的检测方法主要分为基于主机的检测方法和基于网络的检测方法。

基于主机的检测方法主要是通过在被检测的主机上安装相应的代理，然后通过该代理来检测该主机上的所有文件和进程，发现违反安全规则的对象，从而检测出相应的脆弱点。基于主机的脆弱性检测方法能够比较准确地检测出主机上存在的脆弱性，并且只对被检测的主机的运行有所影响。但基于主机的检测方法需要在每个被检测的主机上安全相应的代理，并且发现远程渗透弱点的能力相对较差。

基于网络的检测方法又分为主动检测方法和被动检测方法。其中主动检测方法通过发送特定的数据包到被检测的一个或多个主机当中，通过这种方法来判断被检测主机上是否存在相应的脆弱点。由于无需在被检测主机上安装相应的代理，并且可以给多个主机发生数据包，因此，这种方法的效率比较高。但由于主动发送的数据包有可能被防护墙等设备拦截，导致无法检测目标主机是否存在相应的脆弱性。并且主动检测方法产生的数据包会增加网络的负荷，对网络的正常使用造成一定程度的影响。被动检测方法则通过抓取网络中的数据包进行分析，从而判断相应主机上是否存在脆弱性。由于被动检测方法不产生数据包，因此不会增加网络的负荷，从而不会对网络的正常使用造成影响，因此被动检测方法可以一直“透明式”地在线。但当检测主机由于服务不在线或其他原因导致没有发送数据包，或者只发送了具有部分脆弱点特征的数据包时，被动检测方法就不能检测或只能部分检测到目标主机上存在的脆弱性。

通过上述分析可知，在脆弱性检测方面，由于每一种检测方法都各有优缺点，在实际应用中往往需要根据被评估网络或信息系统的实际情况，采用某种或结合多种脆弱性检测方法来检测网络或信息系统上存在的脆弱性。

2.脆弱性的评估

网络或信息系统上存在的脆弱点之间往往存在利用的关联性，为了评估网络或信息系统上的脆弱点之间的关联关系，国内外开展了大量的研究工作，提出了多种评估模型，比较典型的有故障树（Fault Tree）模型、攻击树（Attack Tree）模型、基于 Petri Net 的模型、特权图（Privilege Graph）模型以及攻击图（Attack Graph）模型。

故障树模型分析是由贝尔实验室提出的一种将系统故障不断拆分成树状结构的分析方式，不仅可以用于定性判断也可以用于定量分析。主要以根节点表示系统故障，分支节点表示各自故障原因，逐级向下分析，用逻辑门符号连接上下。主要是通过各故障及原因的分析，帮助改进设计，灵活性高，但故障树逻辑关系较为复杂，发生逻辑运算时容易发生错误限制了其普及。

攻击树模型分析法是一种根据攻击建立树状结构的分析方法。根节点作为攻击者目标，叶子节点达到攻击目标的攻击方式，能够对系统的脆弱点和漏洞进行深层次的挖掘，但不同系统需要构建不同的攻击树。

攻击图模型目前是网络安全风险评估中，用于表达网络或信息系统中存在的脆弱点，及脆弱点间的关联最有效的模型之一。攻击图以有向图的方式来表达攻击者利用存在的脆弱性对网络或信息系统进行攻击的所有可能的攻击路径，全面地反映了网络或信息系统中脆弱点利用之间的依赖关系。攻击图表示了被评估的网络或信息系统中存在的脆弱点以及攻击者利用这些脆弱点进行一步或多步攻击的各种可能的攻击路径。攻击图模型相对于其他脆弱性评估模型而言具有巨大的优势，成为脆弱性分析和风险评估的重要工具。构建好的攻击图可以用于对网络安全措施的优化分析（定性评估）、网络安全的量化分析（定量评估）以及入侵警报的关联分析（实时评估）。为了保护网络或信息系统中的关键资源避免受到攻击者的攻击，需要采取一些网络安全措施对网络或信息系统的进行安全加固。而安全措施的采取需要一定的代价，不同的安全措施的代价往往不同，如何使用最少的代价的安全措施集合来实现保护目的是定性评估中的重要问题，而基于攻击图的分析方法是解决这个问题的重要途径。

第三节　网络环境下信息安全风险管理

一、风险识别

风险识别是在风险演变为问题之前预见风险，并将缓冲信息应用到组织的信息安全风险管理过程中去。在具体执行时，风险标识应该使整个组织的全体成员能够定期的或根据需要，标识和交流与风险相关的信息，提供一致性的格式记录所有与风险相关的信息手段。完成标识任务后，我们就记录了一组风险数据，包括组织的资产、威胁以及可用的弱点等方面的信息。还收集了足够的补充信息，为解释组织的风险提供了全面的具体环境。在下一个操作中，我们基于这些信息确定风险的优先级。

（一）信息资产识别

资产是那些具有价值的信息或资源，是信息安全风险评估的对象，同时也是恶意攻击者攻击的目标。同时，资产也是系统脆弱点的载体。因此，资产如何识别是开展信息安全风险评估的基础。

信息资产是具有一定价值且值得被保护的与信息相关的资产。信息系统管理的首要任务是先确定信息资产，主要是确定资产的价值大小、资产的类别以及需要保护的资产的重要程度，从而选择性的进行资产保护。信息资产包括有形资产，又有无形资产。有形资产包括物理上的计算机设备、厂房设施等，无形资产包括一些虚拟的资产，如应用服务、存储的数据，还包括企业的社会形象和信誉度。

信息系统安全保护的目的是保证信息资产的安全水平，这里的信息资产有虚拟的资产和物理的资产，对应不同资产，考虑的安全性的要求也有所不同。在考虑资产的安全性时，要综合各个因素对其进行评估：信息资产因受到破坏所造成的直接损失；信息资产受到破坏后回复所需要的成本，包括软硬件的购买与更新，所需要技术人员的数量；信息资产破坏对相关企业所造成的间接损失，这包括间接的资产的损失和信誉上的影响；还有其他类型的因素，如企业对信息资产的保险额度的提高。

一般而言，常见的资产识别方法多针对资产表现形式、业务资产识别或信息流等方面开展识别。而识别方式主要有问卷调查、资料查找、现场勘查等方式。

（二）安全威胁识别

网络环境下存在的各种威胁是信息系统安全风险识别的对象，是造成资产损失的主要原因。资产的威胁识别因此成为信息系统安全风险评估的过程中必不可缺的一部分。

信息系统安全威胁是指对信息原本所具有的属性，如完整性、保密性和可用性，构成潜在的破坏能力。安全威胁受到各个方面的影响，从人为角度考虑，黑客的攻击数量、攻击方式都是影响安全威胁的因素；从系统的角度，企业系统自身的安全等级，软硬件设施也是影响安全威胁的因素。确认信息系统所面临的威胁后，还要对可能发生的威胁事件做出评估，评估威胁要考虑到两个因素：一是什么会对信息系统造成威胁，比如环境、机会、和技能；另一个是为什么对信息系统产生威胁，威胁的动机是什么，比如利益驱动、炫耀心理等。

网络环境下面临的安全威胁能够对信息系统以及资产造成威胁的实体或现象，包括自然灾害、人为破坏等。可以通过系统日志、入侵检测系统等方法追溯威胁来源。入侵检测系统可以通过监控信息系统状态以及信息系统的网络状态，对恶意攻击行为发动系统警报、主动防御等安全措施，是一种常用的威胁识别方式。Snort 也是信息系统威胁识别的主要工具之一，通过数据包嗅探，Snort 将从云计算系统的网络中截获数据包。这些数据包经过解码器的解码，将数据推送到插件中进行预处理。基于设定的规则库，Snort 将把预处理数据进行检测，并把符合规则数据信息以警报的形式推送给用户。

（三）脆弱识别

脆弱性指信息资产当中可能遭受威胁的薄弱部分。这种威胁性对信息资产本身基本没有太大影响，但对信息资产的薄弱环节能造成一定程度的资产损坏。现实中，任何一个信息资产都可能存在着一部分的脆弱性，比如应用只有通过不断的更新，才能使得应用更加完善，但在完善的过程中依旧会有漏洞需要修补。在信息系统当中面临着很多这种类型的问题，因此只有针对信息系统每一项信息资产，对其脆弱性进行逐个分类，然后进行针对性的保护，才能更好地保障信息系统的安全。信息系统的脆弱性如表 6-2 所示。

表 6-2　系统脆弱性分类

种类	详细描述
技术脆弱性	运用软件时存在的漏洞，比如系统架构构建时存在的漏洞
操作脆弱性	软件的使用和系统配置时，被授权人操作不当
管理脆弱性	安全策略、规章制度、资产控制、人员安全管理与意识培训等方面

信息系统的脆弱识别将直接反映该系统的安全状况，因此脆弱识别是信息安全评估的重要组成部分。目前常用的脆弱识别检测方法包括漏洞扫描、代码扫描、反编译审计、模糊测试等。

二、风险分析

风险分析作为网络安全研究领域的重要组成部分，逐渐形成了较为完善的理论体系和技术方法。安全风险分析不同于其他安全技术，风险分析既是对已知措施的一种分析评判方法，也是对未知安全威胁的衡量。对于风险分析而言，可以从宏观和微观两个方面来进行分析和研究。从宏观层上来看，相关风险模型或标准提供分析的理论指导依据：微观层面来看，实际的风险分析及评估方法提供具体的应用技术和实施手段。在网络安全领域中，相关的风险分析体系成为理论指导，具体实现技术则是切实有效的落实手段，能够全面有效地应对网络中的各种威胁和风险，保障系统的资产安全。

在不同时期，由于网络发展水平和安全技术研究水平不同，风险分析模型与评价标准也在随着时间不断变化和演进。到现在已经建立了众多的技术框架体系，共同推动着安全风险分析的发展，最终实现信息安全系统的保护。世界各国都提出了不同的标准，从概念、方法和组织实施方面指导信息系统安全风险分析及评估。

风险分析主要从如何识别、如何应对、如何做好风险控制等三方面出发，对系统风险进行有效分析。风险分析主要围绕系统资产、威胁、脆弱性和安全风险展开，首先系统存在安全风险和有价值的资产，威胁攻击者是以获得资产为目标，通过利用系统脆弱性进而达到目标。安全风险是安全威胁引起的，信息系统所面临的威胁越大、脆弱性越多，则安全风险就越大。安全风险的增加则会导致安全需求上升进而促进安全设施以及安全管理，降低安全风险，保障系统资产安全。

安全风险分析的基本流程，首先确定分析的目标、范围、分析方案；其次对系统资产、威胁以及脆弱性进行分析并衡量其严重程度；然后按照一定的安全风险分析方法确定风险并计算风险；最后根据结果判断风险是否可以接受，如果不能接受实施风险管理。

三、风险规划

风险规划是确定需要采取哪些行动改进组织的安全状态并保护关键资产的过程。风险规划的目标是开发和维护如下三项增强安全的内容：第一，改进组织全面安全状态的保护策略；第二，设计用于建设组织的关键资产风险的缓和计划；第三，实施保护策略和风险缓和计划关键部分的详细行动计划。风险规划的任务如表 6-3 所示。

表 6-3　风险规划的任务

任务	说明	关键结果
开发保护	开发保护策略需要定义（或更新）用于改进组织的与安全相关的实践保护策略	保护
开发风险缓和计划	开发风险缓和计划需要定义（或更新）建设组织的关键资产的风险计划	缓和
开发行动计划	开发（或更新）行动计划涉及指定一组实施保护策略和风险缓和计划的关键部分的行动。行动计划基于对可用资产的评估以及组织的约束进行定义。每个行动计划包括完成的日期，成功标准和资金需求。另外，选择根据组织的时间表和成功标准监督计划的措施。最后，必须分配实施行动计划的人员	行动计划、预算、时间表、成功标准、监督行动计划的措施、分配事实行动计划的人员

四、风险实施

实施是采取行动计划以改进组织安全状态的过程。风险实施的目标是根据在风险规划阶段定义的时间表和成功标准执行所有的行动计划。实施与风险监督和控制是紧密联系的，在这一过程中，我们要遵循和纠正实施进程。

五、风险监督

监督过程用于跟踪行动计划，确定行动计划当前所处的状态，并对组织的数据进行评审，以找到新风险的迹象或对已有风险的改变。监督风险的目标是收集准确的、及时的、与被实施行动计划的进展相关的信息，并找出组织可操作环境的主要变化信息，这些变化信息能够指示新出现的风险或者对已有风险的明显改变。监督风险时需要完成的任务如表 6-4 所示。

表 6-4　监督风险的任务

任务	说明	关键结果
获取数据	获取数据需要收集定量的数据或者信息，这些数据和信息用于：根据时间表和成功标准度量行动计划的状态；指示出现的新风险或者对已有风险的明显改变	跟踪行动计划的进展的数据 关键风险指示的数据
报告进展和风险显示的数据	报告进展涉及保证关键的决策者了解行动计划的当前状态，报告风险数据要求传达所有新的风险的迹象给组织内合适的人员	交流报告进展 交流风险指示数据

风险监督提供一种有效的方法，以跟踪行动计划的进展、新风险的迹象和对已有风险的明显改变。监督过程应该既能够平衡组织内当前的项目管理实践，又使分析人员能够有效、及时地交流信息和风险指示。

六、风险控制

控制风险是由指定的人员调整行动计划，确定组织条件的变更是否表明出现了新风险的过程。控制风险的目标是做出明智的、及时的和有效的关于行动计划的纠正措施的决策，并决定是否标识出组织的新风险。控制风险所需完成的任务，如表 6-5 所示。

表 6-5　控制风险的任务

任务	说明	关键结果
分析数据	分析数据涉及分析所报告的数据的趋势、偏差和不规则情况。需要对以下类型的信息进行评审：跟踪行动计划的透展的数据；关键风险指示器的数据	已分析的进展报告已分析的风险指示器
做出决策	需要指派的人员来决定：怎样处理行动计划；是否要标识出组织的新风险	有关改变行动计划的决定有关标识新风险的决定
执行决策	涉及将控制决策付诸实践	交流的决定对行动计划实施的改变风险标识活动的开始

例如，企业信息安全风险控制指企业信息系统面临自身系统存在的脆弱性以及外部威胁时，所制定的控制这些风险从而保证自身系统安全性的策略，其最主要是通过安全技术的实施和管理方案的实施来保证。信息安全风险控制的最主要的决策方式有三种方式：承担风险、转移风险和降低风险等。

承担风险指在了解到企业自身各个信息资产的价值和信息系统安全性的要求后，根据企业外部风险性和自身信息系统脆弱性来估计发生安全攻击事件的可能性和可能造成的损失，并且评估企业各种安全资产的投资成本，从而确定哪种信息资产不值得投入资金或者说投入的资金要大于保护该信息资产所获得收益，因此对这类信息资产，企业选择承担不进行安全投资的风险。转移风险则是将风险的资产转移到其他类型资产或者其他机构，从而降低风险的方法，通常可以通过安全技术外包、商业保险或者和技术供应商签订协议的方式。降低风险指通过一定的技术方式或者改变管理方式来降低安全风险，使其达到可以接受的安全水平，通过设置对信息资产的访问权限、使用安全技术对抗威胁、检测安全资产漏洞等方法来实现。一般情况运用信息系统安全方面的技术来保障信息系统的正常运行。

信息安全的风险不是越少越好，减少信息系统安全风险必然要投入一定量的资金，信息系统安全风险越小，对信息系统安全的投资也就越多，因此，当信息系统安全投资不断增加时，也就存在着信息系统安全投资带来的安全收益要小于信息系统安全投资所带来的成本。正确的做法是，在信息系统安全风险处于一个合适的范围时，便不再进行信息系统安全投资。这种安全风险范围的评判标准对不同类型的企业、系统以及信息资产，表现也有所不同。

第七章 计算机网络信息安全与防护策略

本章分为计算机网络信息安全中的信息加密技术、大数据时代计算机网络信息的安全问题、计算机网络信息安全及其防护策略探讨三个部分。主要包括网络中的链路加密、节点加密等加密技术，加密技术在计算机网络安全中的应用，大数据背景下的计算机网络安全问题及解决方案，计算机网络信息安全防护策略等内容。

第一节 计算机网络信息安全中的信息加密技术

一、网络信息加密技术类型

（一）链路加密技术

链路加密是较常用的加密方法之一，通常用硬件在物理层实现，用于保护通信结点间传输的数据。这种加密方式比较简单，实现也比较容易，只要将一对密码设备安装在两个节点间的线路上，使用相同的密钥即可。用户没有选择的余地，也不需要了解加密技术的细节。一旦在一条线路上采用链路加密，往往需要在全网内都采用链路加密。链路加密方式的原理如图 7-1 所示。

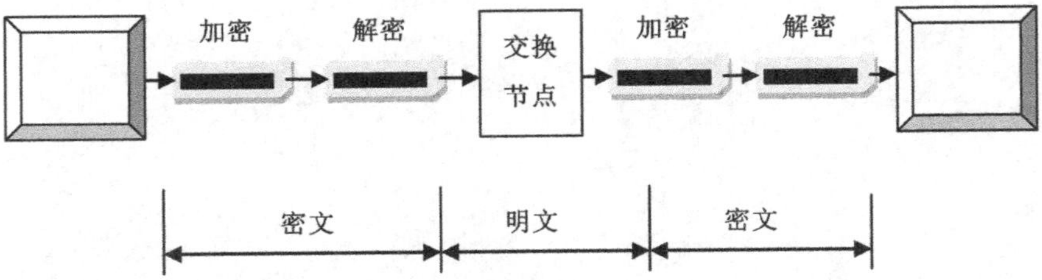

图 7-1 链路加密原理

这种方式在临近的两个节点之间的链路上传送是加密的，而在节点中信息是以明文形式出现的。在实施链路加密时，报头和报文一样都要进行加密。数据加密的概念就是针对用户双方相互发的数据信息进行加密和解密处理。数据加密可以在通信线路上操作也可以在两端数据源上来操作。所谓链路上的加密就是不管传输的数据是什么，都会把数据流进行加密处理。这其实是一种物理上的保护，在某些情况下还是可以被窃取的。

链路加密方式对用户是透明的，即加密操作由网络自动进行，用户不能干预加密 / 解密过程。这种加密方式可以在物理层和链路层实现，主要以硬件方式完成，用以对信息或链路中可能被截取的信息进行保护。这些链路主要包括专用线路、电话线、电缆、光缆、微波和卫星通道等。

（二）节点加密技术

节点加密是链路加密的改进，其目的是克服链路加密在节点处易遭非法存取的缺点。在协议栈的运输层上进行加密，是对源节点和目的节点之间传输的数据信息进行加密保护。实现方法与链路加密类似，只是将加密算法组合到依附于节点的加密模块中，加密原理如图 7-2 所示。

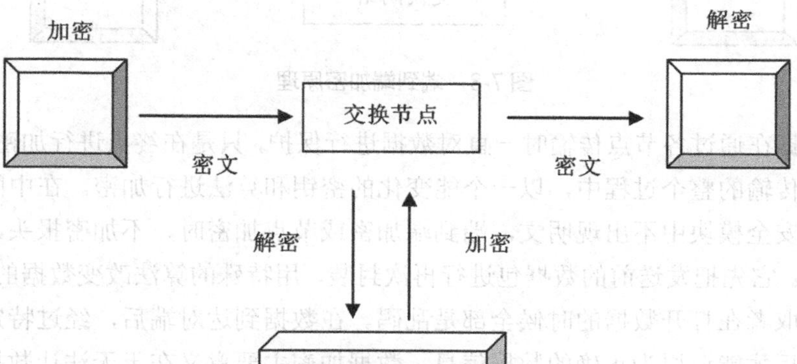

图 7-2　节点加密原理

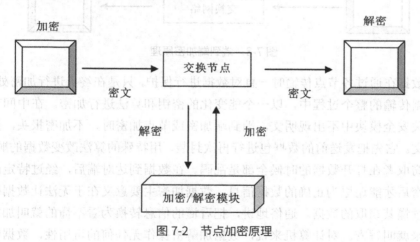

这种加密方式明文只出现在节点的保护模块中，可以提供用户节点间连续的安全服务，也能实现对等实体鉴别。

节点加密也是每条链路使用一个专用密钥，但从一个密钥到另一个密钥的变换过程是在保密模块中进行的。

（三）端到端加密技术

传输层以上的加密通称为端到端加密。端到端加密对面向协议栈高层的主体进行加密，一般在表示层以上实现。协议信息以明文形式传输，用户数据在中间节点不需要加密。端到端加密一般由软件完成。在网络高层进行加密，不需要考虑网络低层的线路、调制解调器、接口与传输码等细节，但要求用户的联机自动加密软件必须与网络通信协议软件结合，而各厂商的网络通信协议软件往往各不相同，因此目前的端到端加密往往采用脱机调用方式。端到端加密也可以采用硬件方式实现，不过该加密设备要么能识别特殊的命令字，要么能识别低层协议信息，要完成对用户数据的加密，对硬件有很高的要求。

大型网络系统中，交换网络在多收发方传输信息时，用端到端加密是比较合适的。端到端加密往往以软件方式实现，并在协议栈的高层（应用层和表示层）上完成。端到端加密原理如图 7-3 所示。

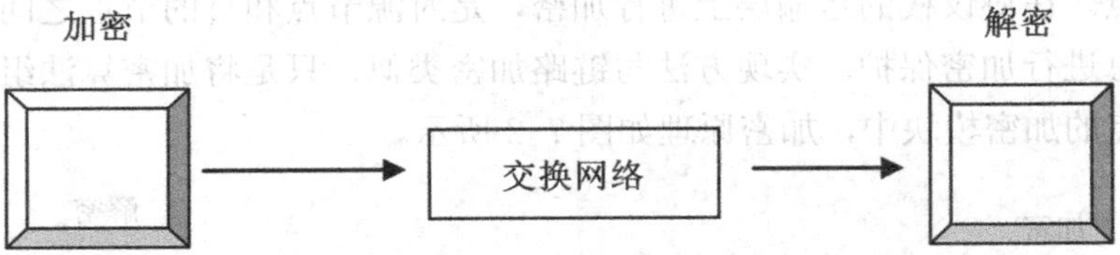

图 7-3　端到端加密原理

数据在通过各节点传输时一直对数据进行保护，只是在终点进行加密处理。在数据传输的整个过程中，以一个能变化的密钥和算法进行加密。在中间节点和有关安全模块中不出现明文，端到端加密或节点加密时，不加密报头，只加密报文。它先把发送前的数据包进行再次封装，用特殊的算法改变数据的顺序，导致窃取者在打开数据的时候全部是乱码。在数据到达对端后，经过特定的密钥解密后才能还原为正确的数据信息。数据加密主要意义在于无法让数据破坏分子读懂其窃取的数据。通俗地讲，把看懂的信息转换为看不懂的就叫加密，反过来就叫解密。对计算机来说，数据加解密操作无任何的可用性，数据中包含信息的可理解性和可读性是计算机无法识别的。

端到端加密具有链路加密和节点加密所不具有的优点：一是成本低，由于端到端加密在中间节点都不需要解密，即数据到达目的地之前始终用密码保护着，所以只要求源节点和目的节点具有加密 / 解密设备，而链路加密则要求处理加密信息的每条链路均要配有加密 / 解密设备；二是端到端加密比链路加密更安全；三是端到端加密可以由用户提供，因此对用户来说这种加密方式比较灵活。然而，由于端到端加密只加密报文，数据报头环视还是保持明文形式，所以容易被流量分析者所利用；另外，端到端加密所需的密钥数量远大于链路加密，因此，对端到端加密而言，密钥管理代价是十分昂贵的。

（四）对称加密技术

当今的加密技术原理和古典加密技术基本一样，都是替代和置换的方法，只不过借助计算机的运用，现在加密技术的效率大大提高，算法的复杂度不断提升，密钥的长度也不断加大。最开始出现的就是对称密码技术，其原理和过程都比较简单，就是加密数据—传输数据—解密数据。当前利用计算机实现此算法是很高效的，但是密钥相同使其传输问题变得捉襟见肘，如果数据在网上传输被黑客截取的话，那么信息就无安全性可言。对称密码技术从开始到后期的发展经过了多种算法更迭，最广泛应用的主要是下面几种。

1. 对称加密密码算法

20 世纪美国在加密技术上走在世界的前列，他们最先认识到网络的巨大潜力和随之而来的威胁。于是政府便在那时针对加密技术不断推出奖励措施，吸引有水平的科学家参与研究，没想到的是消息放出后没多久就有各种各样的算法被提出，不同国家的科学家都想制定一套自己的加密标准。加密技术方案不统一是不行的，会给密码技术的创新变革带来阻碍。所以美国抢先征集最优算法并以此制定加密标准，以满足数据加密要求和整个加密算法的互相兼容性问题。经过层层筛选，IBM 的某种算法被采用，但是作为一个负责任的团体机构是不会直接采用此算法的，于是在经过几次修改创新后，新的算法名字诞生了，这就是人们耳熟能详的对称加密。此算法的实际应用密钥只有 56 位字符，其他字符另作他用。对称加密算法明文与密钥长度不一致，这也是为了更加难以破译，此算法要经过多次的迭代运算，最后得到的加密数据块长度是 64。

2. 三重密码算法

在对称加密算法的最开始发展阶段，表现是令人满意的，速度快、稳定、安全性高。但计算机计算效率的逐渐提升使破译变得可能。对称加密算法的密钥长度不长，只要计算能力强的话，破译是可行的。计算机基本每几年计算速度会成倍的增长，破译对称加密也越来越快，最后的对称加密算法几乎成为不可信的算法了。于是各种增强对称加密算法的改善算法被不断地提出来，其中一种比较好的就是多重加密，主要原理就是加密密钥有多个，比如两个或三个。于是双重对称加密、三重对称加密方法被推出。双重对称加密密码算法，用 56×2=112 位密钥。这种技术需要两个密钥，在数据做加密操作时要先后进行两次加密，用的密钥就是预先定义好的两个密钥。其解密过程就是加密过程的逆算法。显而易见的是双重对称加密其实就是两次加解密，无非就是把密钥长度变大了而已，在计算机计算能力容许的情况下，被破译的难度和单纯一次对称加密其实差不多。这种算法只是临时完善一下对称加密，根本问题依旧存在。

经过不断地测试运算后科学家得出结论，只要在二重的基础上再增加一次加密后破译的难度会变得异常巨大，现如今的计算机水平基本无法算出密钥。于是乎用两个密钥加密三次数据或者利用三个密钥加密三次的算法被推出。不管是那种，都称之为三重对称加密。其中用三个密钥的算法目前是最优秀的，它的密钥长度有168位，它在很大程度上增强了对称加密算法的弱密钥性，是现在社会广泛应用的加密算法。

3.IDEA 密码算法

IDEA（International Data Encryption Algorithm）是国际信息加密密码算法，之前称为PES。此种密码技术初始只是作研究之用，是瑞士的两位密码学专家提出的。后期经过多人的改善后发现此中算法非常实用，于是改善后的算法被赋予 IDEA 的名称。IDEA 的密钥分组密钥长度是28。把这分组密钥为再平均分成8份，每份长度16。加密明文之前先把数据分组，每组的字符数是64，数据块在做处理的时候加密处理单位长度都是64。把64位明文分成4份，每份数据都要经过八轮迭代，每次迭代用到的密钥都是上面分组密钥即16位密钥。当四个子块迭代完成后再相互间进行模运算和异或运算。每次运算结果数据都是4块，相互运算的时候得出的4块结果位置也要不断变化，这样经过8轮运算以后，输出的就是想要的密文了。

从上面算法实现原理可以看出 IDEA 和对称加密还是很多相似的，特别是在密钥分段上，他们的长度是一样的，不同的是分段后各子密钥的长度不同，IDEA 要长很多。根据以往的经验很容易想到算法的实现效率，因为密钥越长，实现效率越低。但是 IDEA 密码技术有效地解决了实现起来耗时的问题。两种密码算法的实现资源耗费上基本相同。但是如果基于硬件的话，IDEA 的效率远远大于对称加密算法。IDEA 数据和加密后的密文对应关系很繁琐，它是经过多次的转换、迭代运算后才得出密文，这加大了攻击者破译难度。特别是此算法用到了模运算，这使得密文和明文的关联性大大降低，各种字符出现的概率也被完全稀释掉。而对称加密只简单的利用了异或运算，相对来说，IDEA 是比较完美的算法了。在此算法被提出的初期，得到了各界密码学研究专家的宠爱，也是的此算法在当时被广泛应用。但是在经过深入研究后，科学家发现，IDEA

算法是存在着很多密钥强度上的不足。它的密钥分组太多，各个子密钥看起来并不十分的保险。虽然目前不知道这些弱密钥的危险性，但是由于可能存在这些问题，导致 IDEA 并未被收入标准算法之中。

（五）非对称密码技术

非对称算法的出现也不是一定要取代对称算法，只是算法研究的另外分支。对称技术密钥保密性不强，而非对称算法技术有效解决了此缺陷。

对称技术没有密钥管理的概念，如果要达到数据安全保密传输要求，那么密钥就需要经过特殊方式传递。比如手动传递、硬件加密、多次验证等等，经过这些处理后密文解密时延较大，而且解密数据的资源利用也较高。有些人考虑专门研发一套密钥传输中心，这些密钥都通过中心流转，而不是和加密数据一起传输。这种方法有一定的道理，但是风险也较大，一旦中心被攻破，那么损失的可不是一家企业了。

另外非对称算法衍生出一种副产品，那就是数字签名，这是万万没想到的，签名技术大大降低了数据发送方的数据可抵赖性，使得在网上传输的数据具有很高的可信度。

20 世纪后期两种密码算法经科学家研究提出，经过几代的更新发展，非对称算法也有了不少的分支。比较流行的几类如下：RSA、DSA、DH、ElGamal、非对称加密，各类算法依赖的都是数学模型，比如因式分解、离散对数、椭圆曲线等。将椭圆曲线用到密码学中是 1985 年由内尔·科布利茨（Neil Koblitz）以及维克多·米勒（Victor Miller）两位密码科学家各自推出的，这两位都发现了椭圆曲线算法的难题并应用到加密算法中。这也是非对称密码算法最成功的和惊奇的实现方法之一了。椭圆曲线的数学算法主要是在此曲线上计算离散对数，它比在其他方式计算离散对数产生的值要大很多，正是因为这个，非对称密码算法才具备较高的安全性。

非对称算法以此为基础使得加密的安全性得到大大的提升。但这也是一种潜在的机会主义算法，基于的数学理论不是完全可靠的。难题并不是不可解决，虽然有些算法经过长期发展仍然无法解决，但这都是暂时性的。我们知道，非对称用到两个密钥 K（公钥）和 S（私钥），K 可以明文传输。这使得数据的安全性提高很多，而且不用耗费大量的时间和财力去想方设法传递密钥了。密钥分发的难题也就迎刃而解了。

非对称密码算法最成功的和惊奇的实现方法之一是将椭圆曲线用到密码学中。椭圆曲线的数学算法主要是在此曲线上计算离散对数，它比在其他方式计算离散对数产生的值要大很多，正是因为这个，非对称加密算法才具备较高的安全性。

非对称加密密码算法有很多特点。一方面，非对称加密密码算法将作用域从实数域上转到椭圆曲线上，实数域上繁琐的运算被转化成椭圆曲线上的加法运算。此种特性使计算速度有了较大的提升，在实现方面相比其他非对称密码算法有更大的优势，这种算法在实际的应用过程中发现在各方面实现都比较简单、快捷、高效，更重要的是耗费财力很少。另一方面，非对称加密密码算法的安全度提升很多，这是由它所依据的数学算法基础决定的，因为对非对称加密的破解的难度不只取决于离散对数难题求解的难度，与整数因式分解的难度也有关，这也导致了想要破解非对称加密算法就必须同时解决两个数学难题，这变相加大了非对称加密的安全性能。

（六）混合加密技术

想要计算机网络信息安全保密的方法有多种，而利用加密算法是上上之选。对称算法效率高是公认的，但是其密钥的不安全性也是公认的。前两种密码技术的优势和缺陷正好互相补充，糅合两种密码算法的优点并应用到实际的网络传输文件系统中的话，会对文件的加密安全传输产生有益保障。文件传输系统性能的高效、安全性得到保证是设计系统的基本要求。

混合加密技术是经过对对称与非对称两种算法做优劣分析后，发挥各自密码算法的最大优势，基于对称加密算法与非对称加密算法的网络系统安全加密传输技术，利用对称加密处理数据的加密操作，用非对称加密技术处理对称加密密钥安全性不强的弱点，以中心计算机主要节点的端对端的网络安全加密传输模型，这种模型的工作原理如图 7-1 所示。

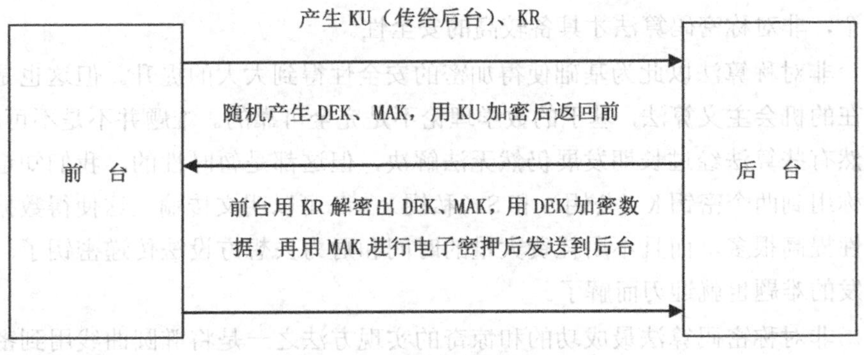

图 7-1　加密传输模型

1. 密钥管理与分配

首先利用密钥生成软件得到私钥（S）与公钥（K）。其中私钥 S 是存在本地文件中，不外传。至于公钥是公共密码，可以让其他人知道。那么中心计算机就需要把各自节点的 KU 接收保存在本地特殊文件系统中。在本组件中，数据加密传输过程是：在初始阶段，后台中心计算机生成一个加密密钥，假如称之为 DEKEY，然后再产生一个用于签名的密钥，假如称之为 MKEY，这两种密钥是都需要保存下来的，接下来就要利用椭圆曲线算法加密两个密钥，而加密的密钥就是 K。接着把加密后的 DEKEY 和 MKEY 传送给前台。客户端在就收到文件后利用椭圆曲线开始生成的私钥 S 来解密数据得到 DEKEY 和 MKEY，同时把得到的文件保存在本地系统中。

2. 数据加密传递

客户端在经过上面的操作后利用 DEKEY 来加密数据，用的算法就是数据加密标准算法，然后用 MKEY 来生成签名文件。最后得到加密文件和签名文件，并把这两个文件传输到后端。客户端接收文件后，用 DEK 密钥解密数据，最终得到原始明文。

这样，若前台的私钥泄露了，也是可以马上修复的。前台在出现问题后再次调用椭圆曲线算法产生 S 和 K，接着把 K 在通过其他方式发送到中心计算机上，中心立即把旧的 K 换掉即可，所以后续的文件又是安全加密的。所以说在数据传过程中即使不小心丢失了密钥也不用太担心，不像对称算法就彻底被破译了。在一般的网络文件安全传输系统中利用混合加密技术方案，总结来说本系统采用了对称加密算法处理数据效率高的特性，也采用了非对称加密算法密钥分配安全快捷的优点，而没有用到两种算法的缺点，有效地解决了用一般加密技术所带来的密钥管理与分配困难的问题，确立了一种独树一帜的网络混合加密体制。

3. 密码算法选定

加密传输模型中算法的选择十分重要，特别是不同密码算法的组合带来的加解密效率可能差别很大。所以研究各种算法的性能是有必要的。对称密码技术我们选定 DES，当前情况下 DES 技术还是可信的，除非有强大的高速计算机加速计算枚举，否则基本是无法破译的。非对称加密密码算法选定 ECC，但是非对称算法分为很多种，每类都有各种的特点，所以需要分析比对各算法的计算参数和性能，如表 7-1 所示。

表 7-1　各种加密算法对比

破译密钥需要的时间 / 年	DSA、RSA 所用的密钥长度 / 位	ECC 密钥长度 / 位	RSA 与 ECC 密钥程度比
104	512	106	5 ：1
108	768	132	6 ：1
1011	1024	160	7 ：1
1020	2048	210	10 ：1
1078	21 000	600	35 ：1

从表 7-1 中可以看出，非对称算法具有很多相似的特性，但是非对称密码技术相比而言优势明显。

①安全性。与其他非对称密码技术相比，ECC 密码技术的抗击破解性能是绝对有优势的。科学家通过不断地测试得到结论是想要破译 ECC，其难度要远远大于 RSA 这样的算法，完全不在同一个量级上。

②加密和解密速度。如果 ECC 和 RSA 处于同样的计算条件下，纵然 RSA 密码算法为提高加密效率可减少公钥长度，使数字签名和认证速度提升，然而在私钥的处理层面，椭圆曲线算法比其他两种算法的处理数据效率高很多。而且它的密钥产生速度相对其他两种也是快很多的。因此，若这几种算法处于对等的计算环境下，ECC 算法的总体资源耗费和处理效率要好很多。

③内存资源。在使用的密钥长度与计算耗费上，椭圆曲线算法相对其他两种算法优势也是明显的。如果需要达到同样的安全性和健壮性，ECC 所用的密钥长度相对另外两种要少一个数量级。即使不断变换密钥长度，ECC 所用的密钥长度仍然比另外两种算法少一个数量级。这就表示在需求一样的条件下，椭圆曲线算法耗费的内存要比另外两种少。

数据传输效率要求：三种非对称算法在处理数据量大的情况下没有太多区别，但是数据量一旦变小，对系统数据传输的要求就不一样了。椭圆曲线算法此时需求的数据传递效率要求很低。但是在使用非对称技术的时候我们一般处理的数据量都是比较少的，而且他们的处理数据效率相对于对称算法要差很多，当前社会非对称算法主要用在数字签名、密钥加解密等数据量很多的系统中。ECC 算法所要求的数据交换量小的特性使得它在某些特殊领域中应用广泛。ECC 要比其他的密码算法要好很多，因此本系统非对称算法选择椭圆曲线算法而不是另外两种。

4. 消息认证密码算法选定

产生摘要数据的函数屈指可数，其一是针对数据生成一串认证字符码，其二是利用数学上的哈希算法，即对数据信息哈希运算得到一串认证字符串。第一种方法基本无法破译，即使利用计算能力很强的破译系统也无法反推出原始文件。它所使用的算法复杂度比较高，结果数据无任何规律可言。所以第一种算法看似具有优势，但是在实际实现过程中相对哈希算法难度要大很多。虽然哈希算法抗攻击性能不及第一种，但是可以利用其他特殊算法组合，保证其健壮性不低于第一张算法。经过如上分析最后采用的是哈希算法进行数据签名，以确保数据不可否认。当前常用散列密码技术主要有三种：NIST 的 SHA-1 密码算法、RSA 公司的 MD5 密码算法和欧美的 RIPEMD-160 算法。虽然这几种算法的厂家不同，但是根源都是信息摘要算法第四版的衍生版本。各种衍生版本的性能各有千秋，如表 7-2 所示。

表 7-2　各种密码技术性能对比

	MD5	SHA-1	RIPEMD-160
数据摘要位数	128	160	160
数据分组位数	512	512	512
迭代次数	64	80	160
数据最大长度	无限大	$2^{64}-1$	$2^{64}-1$
函数数量	4	4	5
常数数量	64	4	9
存储数据形式	小数在前	大数在前	小数在前

经过比较后，从两个角度分析各算法的优劣。一是健壮性，哈希算法由于结合了其他算法，安全性和健壮性更高；二是算法实现效率，经过密码学家的演算得出哈希算法相对其他算法实现效率更好。哈希函数的抗攻击性能是由散列码长度 n 来决定。

二、加密技术在计算机网络安全中的具体应用

互联网在一步步改变着我们的生活方式，互联网的安全性问题也逐渐露出水面。如今的社交大部分都是在网上操作，各种支付软件、交友软件、直播等等，可以说在中国，几乎每个人每天都要接触到网络。互联网方便了人类的相互感知、便捷了人类生活、加速了信息的交换。近年来国家也认识到网络安全和监管的重要性，启用的大量的研究人员开发研究安全加固问题。专用警口、硬件防火墙等各种设备也不断加入网络安全保障的大军中，不但如此，数据加密的技术也在不断创新。

（一）加密技术在网络数据库加密系统中的应用

目前，从加密技术的使用范畴来看，数据加密技术更多被用在金融行业银行加密系统中。具体实施流程主要是通过建立相关数据库，保障各个数据之间可以实现有效传输与建设。在构建系统的过程中需要特别注意的一点是某些安全级别如 CI 级别会影响系统的安全性，致使系统存在一定的安全漏洞，这种情况会导致在数据传输的过程中出现信息丢失等无法预料的情况。此外，手机、PC 等设备也可以恶意篡改计算机的存储系统并对传输中的信息进行拦截或篡改，这也是网络安全问题中需要注意的一个层面，而数据加密技术的应用可以识别运行数据与传输信息的使用传输环境，在确保操作环境安全的情况下，还会消除潜在的安全风险。同时，系统还可以将检测到的信息反馈给相应的操作终端，以防止其他外部操作者复制相关的信息和数据，有效地实现了双重保密。

（二）加密技术在操作系统中的应用

目前，在操作系统中通过密钥来进行加密是一种非常重要及常用的方法。同时，在安全程度上，它的安全性也比其他加密形式更加安全可靠。这种技术在操作系统的使用中，结合了多种技术，如数据加密和解密，并且已经成为计算机网络中使用最广泛的技术之一。密钥主要分为公用和私人两种，在大多数情况下，私用密钥会更加需要加密和解密两种技术的统一，以求达到安全性改进的目的。两者相比，私人密钥的安全系数也更高。但是，私人密钥也是存在一定缺陷的。如果系统或人发生差错，通常可以使用公共密钥来解决该问题，但是私人密钥不能解决公共问题。因此，在实际应用以及具体实操过程中，需要注意公钥和私钥的灵活应用，通过私钥实现对个人信息和数据的保护，通过公钥用于降低系统错误率，两者的结合可以实现保护个人数据和信息的隐私，同时达到数据传输和信息转换方便快捷可靠的目的。

（三）加密技术在数字签名认证中的应用

数字签名认证技术是另一种基于加密技术的数据加密技术。并且可以计算和验证加密和解密技术，是一种更安全的加密技术。该技术可以有效地验证用户身份信息，保证网络的安全性，包括公共和私人网络安全在内，一般情况下，数字签名认证系统被税务安全等部门的计算机网站所使用。目前，在国内税务行业，网络税收已逐渐成为主要的处理形式，而数字签名安全认证技术已实现完全保障网上保税业务的目的，保证了税务办理系统的安全性。

第二节 大数据时代计算机网络信息的安全问题

一、大数据背景下的计算机网络安全问题

随着计算机网络技术的更新和发展，计算机病毒和黑客攻击等计算机恶意攻击给计算机信息数据的安全带来了巨大的隐患。根据相关统计数据显示，我国遭受过不同程度计算机网络安全威胁的用户占到所有使用用户的一半以上，也带来了相当大的经济损失，尤其是大数据时代下信息爆炸，面临的网络安全问题也更加严重且复杂，更有甚者会威胁到整个计算机网络的健康绿色发展。

（一）黑客入侵问题

大数据时代的发展意味着信息的数量以及复杂程度与传统信息时代相比不可同日而语。因此，以往的黑客攻击也更难以破解，黑客主要是通过与以往不同的更加隐蔽的方式来进行攻击，因此不易被发现，同时由于信息之间联系紧密，牵一发而动全身，因此，一旦黑客袭击会造成信息瘫痪等相当大杀伤力的危害。

大数据背景下的网络空间安全态势发生了巨大的变化。过去，黑客实施网络攻击是为了展示其高超的技术水平，而如今，不管是黑客本身，还是网络攻击手段，都已经发生显著的改变。经过近十几年的发展，一种新型网络攻击——高级持续性威胁（Advanced Persistent Threat，APT），已然成为横亘在网络空间安全人员面前的一座大山，各种各样的APT攻击被广泛报道。正如其名字一样，这类网络攻击与传统的攻击有着很大的区别。

1. 高级性

APT攻击者通常是资金充裕、组织良好、经验丰富的团体，如国家、恐怖组织、政府部门、商业机构等，因此有足够的资源去开发和使用更高级的网络攻击工具。

2. 持续性

在未达到目的之前，APT攻击者通常不会放弃对目标系统的攻击。一旦他们进入目标系统，就会在系统中建立驻足点，并长期地、秘密地从系统中窃取敏感数据，或者以一种不易察觉的方式来使系统偏离正常的运作方式直至破坏整个系统。为了能够长期蛰伏在目标系统中，攻击者通常会抹除其在系统中留

下的痕迹，从而降低被检测到的概率。

3．威胁性

由于 APT 攻击者能够泄露敏感数据或阻碍关键部件和任务，因此可以对目标系统造成巨大的威胁，如造成巨大的经济损失、严重的人员伤亡、恶劣的社会动荡等。

总之，APT 是一种多阶段攻击，通常可划分为5个阶段，但是，值得注意的是，不同类型的 APT 攻击可能会包含不同阶段的组合。

阶段 1——前期侦察。攻击者尽可能多地收集关于目标系统的相关信息，包括系统漏洞、人员的组织关系和工作模式等。

阶段 2——建立驻足点。攻击者已经进入目标系统，然后在目标系统中安装后门程序，从而在系统中建立驻足点。

阶段 3——特权升级。通过横向移动、窃取特权账户信息等手段，使攻击者的权限升级，从而能够访问系统中更核心的部分和数据。

阶段 4——执行任务。执行指定的任务，如窃取敏感数据，更改系统配置、扰乱系统正常运作等。

阶段 5——清除痕迹。为了能够长期潜伏在目标系统中，攻击者通常会清除在系统中留下的痕迹，以降低被检测到的概率。

根据腾讯安全预见威胁情报中心 2019 年上半年的报告，中国仍然是 APT 攻击的主要受害国。当前网络空间正在遭受各种各样的 APT 攻击，严重威胁了人们在网络空间中的安全性。

（二）网络病毒问题

随着信息化建设和大数据技术的快速发展，各种网络技术的应用更加广泛深入，以恶意代码为首的网络病毒信息安全问题也日渐突出。仅 2017 年 5 月爆发的 Wanna Crypt 勒索病毒就感染了全球超过 30 万台计算机，导致了严重的后果。面对日益严峻的网络安全形势，社会各行业对于网络空间安全人才的需求与日俱增，网络空间安全相关产业的发展也迎来了前所未有的机遇与挑战。

网络病毒传播中计算机病毒程序往往就隐匿在下载的文件之中，用户一旦下载了该类程序或文件而不进行查杀病毒，感染计算机病毒的概率将大大增加，病毒也会通过伪装隐藏在不同类型的文件中，用户下载之后，在用户没有察觉的时候，计算机病毒就会偷偷地破坏计算机内部正常的程序或者文件。因此，用户在互联网下文件时，一定要对文件的来源进行判断，对于无法判断的文件，需要使用杀毒软件进行查杀，并且定期清理来源不明的文件，降低病毒潜伏概率。

（三）计算机网络信息安全的自身问题

1. 计算机系统漏洞

随着技术以及计算机系统的不断发展与升级改造，计算机系统会根据不同用户的使用习惯以及用户在技术层面的更高要求来定期对系统进行升级更新以及漏洞修补，但是百密必有一疏，从理论上来分析，即使计算机在一定时期内会根据目前使用者反馈的问题进行升级更新完善系统，但是系统的漏洞并不能完全被弥补。此外，由于不同用户的使用习惯以及安全防范意识不同，这就导致安全漏洞的人为影响也会增加计算机网络遭受攻击的概率造成较为严重的后果，同时人为因素的不可控性也加大了网络安全防范的难度。

2. 网络管理出现问题

在实际运行与操作过程中，为了保障使用的安全与稳定性，通常需要计算机网络使用者或管理员进行相关的网络管理，但是从实际的监管情况看，部分网络用户及监管机构部门由于缺乏相应的安全认知以及网络监管的能力，致使网络管理并不能得到有效实施与落实，再具体的管理工作中也存在着许多漏洞。这一漏洞不仅会影响计算机网络的运行质量更严重可能会导致大范围的安全隐患。

二、大数据背景下计算机网络安全问题的解决方案

（一）预防黑客入侵

网络黑客的入侵使个人电脑网络安全面临严重威胁，因此，要加强计算机网络安全防范意识，利用大数据整合大量信息的优势，创建完善的网络黑客攻击模型，锻炼应对黑客入侵的反应能力，同时，还应大力推广数字认证技术，严格控制访问数据，以便更好地保护网络安全。

近年来，为了有效抵御黑客 APT 攻击，研究者们根据 APT 的特点，建立了一系列描述 APT 攻击过程的数学模型，并据此提出了不同的 APT 防御策略。一般地，由于 APT 攻击具有时间连续性，因此，在建立 APT 防御问题的数学模型时，通常使用最优控制理论和博弈论。

在 APT 出现的早期，其主要攻击目标是那些具有高利润和高声誉的机构

(Organizations)，目的是通过窃取敏感数据来谋取经济利益。为了降低 APT 对机构造成的负面影响，防御者必须采取相应的防御措施。由于 APT 是时间连续的，因此防御者也必须采取时间连续型措施，即动态防御策略。

随着云计算技术的快速发展，越来越多的现代机构开始拥抱云时代的到来，即越来越多的机构开始将数据迁移至云中心，从而降低机构的运行成本。尽管云时代给机构带来了巨大的经济效益，却也极大地改变了当前的 APT 攻防态势。在云计算中，云存储系统（Cloud Storage Systems，CSS）保存着成千上万个机构的数据和信息，这意味着云存储系统将成为一个十分诱人的攻击目标。一旦云存储系统被 APT 入侵，就可能造成严重的数据泄露，导致巨大的经济损失。为此，云提供商（Cloud Provider）必须采取有效措施以抵御 APT 的入侵。在大数据背景下，利用博弈论来研究如何有效地保护云存储系统免遭 APT 的攻击。同时，博弈论也成为云存储 APT 防御的常用方法之一。

（二）解决和预防病毒问题

大数据时代背景下，由于网络病毒的种类和数量日益增多，预防和解决网络病毒问题的难度系数随之增大。在预防和处理计算机病毒时要主动出击，提早预防。例如，在计算机网络中提前做好防火墙，以减少可能出现的不稳定和不安全因素；网络用户也应增强网络病毒预防意识，在使用计算机过程中安装杀毒软件，定期查杀病毒和木马，及时有效地预防和处理各种潜在网络病毒。

（三）提高网络安全自身管理水平

企业或个人在运用计算机工作时，一定要重视网络安全管理工作，在全面了解大数据特点的前提下开展网络数据安全管理工作。我们要以大数据为背景提出网络安全管理方案，确保贯彻落实网络技术手段。还要从整体上保证网络系统安全运行，制定可行的网络系统管理制度，在计算机技术基础上提升网络安全管理水平。

（四）及时修复计算机网络漏洞

大数据背景下网络数据更新速度的不断加快，大大增加网络数据泄露次数。因此，计算机应及时更新系统，使计算机网络运行更加安全可靠。此外，计算机要及时修复系统，提前做好预防网络病毒攻击工作；计算机的病毒查杀软件应及时更新，以促进计算机系统安全运行，减少计算机出现漏洞的概率。对于计算机网络漏洞而言，预防工作远比维护工作要有效，所以制定完善的预防方案可以有效避免出现计算机网络安全问题。

大数据背景下网络安全的应用领域和涉及范围比较广，虽然网络安全的不断发展深刻改变着各个行业的发展模式，但是随之而来的网络安全问题也严重阻碍了大数据技术的发展与应用。因此，在大数据背景下，我国互联网技术部门应加大网络安全技术研究力度，确保网络安全信息不被泄露，保证网络数据信息的安全与完整，为大数据背景下的网络数据资源共享提供更加可靠的安全环境。

第三节　计算机网络信息安全及其防护策略探讨

一、提高网络信息风险意识

风险意识就是个体对于风险的认识程度，学习科学的风险文化，提升社会对风险的认识水平，是维持社会健康持续发展的重要基石。在思想层面上，要用科学的知识了解风险。认识到风险现象的普遍性，我们会在网络安全事件面前沉着冷静，有条不紊。

（一）加强通识教育

1.教育部门要加强网络安全教育活动

教育部门是教育的主要阵地，社会各界尤其是学校更要将风险意识教育活动作为一种常态化工作推进。将网络安全教育纳入学校课程体系，增强学生的安全意识和网络安全操作技能。经常组织相关专家和学者开展网络信息安全知识讲座，了解最新的网络信息泄露形式和网络信息安全侵权事件，提高学生抵御网络信息安全风险的水平。组织网络信息安全技能大赛，增强风险安全意识和技能。

2.增强应对能力

自身是网络信息的第一个防火墙，网络信息技术的持续稳定发展离不开网络使用者网络信息安全应对能力的增强。因此，唯有切实增强使用者维护信息安全的专业知识和应对能力，构筑坚实的“防火墙”，才会有条不紊地处理好信息安全事件。公众要广泛了解信息安全事件的攻击形式，学会重要的信息安全应对措施，比如经常清理Cookies、软件设密功能，禁止不明链接访问等，利用先进的互联网技术保护网络信息的安全。定期进行杀毒，对安全防护软件进行升级，减少网络病毒和黑客的攻击概率。了解新型的网络病毒攻击形式，掌握必要的操作技能，在自身移动设备出现漏洞和攻击时，能进行应急性的修复处理。

（二）建立宣传机制

1. 形成长效的网络安全宣传机制

宣传是一个长期的系统工程，需要贯彻到日常的宣传工作中。宣传部等相关部门需要制定长期宣传方案，加强对网络信息安全知识的宣传。要创新网络安全周的宣传活动，丰富活动形式，吸引更多的社会公众参与到网络信息安全的宣传活动中来，真正达到活动的效果，提高公众的风险意识。在加大宣传的同时，相关部门也要加大对网络信息安全的打击力度，对于散布网络不实言论、歪曲事件的公众和媒体进行有效治理，净化网络生态，形成清朗的网络生态环境。

2. 大众传媒要承担社会责任

随着风险社会中公众媒体的作用不断提高，媒体可以监测风险、告知风险和化解风险，也可能放大风险、转嫁风险甚至制造风险。媒体要摆脱“媒体失语”和“媒体迷失”的困境，及时报道网络信息安全事件，秉持公正客观的媒体态度，客观真实地报道相关事件，同时也要树立社会责任意识，对网络信息安全的预防技术和知识进行报道，真正担负起明辨是非的责任。

（三）净化生态环境

1. 树立正确的企业观

要培养企业社会责任意识，权利和义务是相辅相成的，任何经济体和行为体都不例外。企业作为一个以营利为目的的行为体，有追求利润的权利，但同时也要按照法律规定，履行相应的社会义务。

《网络安全法》中明确规定了网络服务商进行运行和服务工作，需要依据法律、行政法规的要求，遵守社会公德和职业道德，诚实守信，履行保护网络基础设施安全的职责，畅通政府和公众监督的渠道，自觉履行社会责任。所以网络运营企业应当按照法律、行政法规的要求和相关标准的规定，利用技术手段和其他有效手段，确保网络基础设施可靠、平稳运行，快速处理网络安全事件，防止出现信息犯罪现象，保护数据信息的整体性、安全性和可用性。网络运营企业在收集和使用公民的网络信息时，应当按照公开透明、合理合法的原则，遵守法律法规的规定，树立正确的企业观，落实企业的社会责任。

2. 营造良好的网络环境

要打击网络信息犯罪行为，营造清朗的网络空间环境。随着大数据技术的发展，网络信息的存储和使用愈加便捷，信息的价值也愈加凸显。不少网络服务商，通过对网络信息的收集，利用大数据技术对信息进行交叉分析，形成“个人画像”，为企业巨大的经济利益。这不仅损害了信息主体的隐私权，也会损害社会风气。必须加强对于网络服务商的监管，明确企业收集信息的标准。企业要自觉维护网络基础设施的安全，健全用户信息安全保护制度。合法使用网络信息，提高使用者维护能力，积极配合政府开展网络信息安全治理。对于非法以及过度收集网络信息的网络服务商，要加大处罚力度，提高违法成本，从而营造清朗的网络空间环境。

二、健全组织机制

（一）完善组织体系

1. 健全内部组织体系

一是构建纵向指挥有力的组织体系。要充分发挥中央网络安全与信息化领导小组的作用，在人员构成、决策规则、战略共识等原则方面进一步加强。要合理分工，做好顶层设计和战略规划，协调好跨部门、跨地区以及中央和地方的关系，具体的执行工作由操作层进行。建立自上而下的纵向科层组织机制，包括从中央到省、市、县的党委系统、政府办公厅系统、工业和信息化系统、公安系统、安全系统、保密系统在内的以中央网络安全和信息化委员会为核心的纵向科层管理与协调组织体系。

2. 建构横向沟通的部门协调机制

横向的部门之间，包括网信办、公安系统、工信部门以及其他掌握关键数据和资源的职能部门需要明确各自的职责权限，明确不同层级部门的具体权限，什么样的问题由哪级政府负责。建立部门间的沟通联动机制，打破政府部门“信息孤岛”的存在，建立政府内部各部门之间的信息共享平台，将不同职能部门掌握的信息上传到内部平台，提高治理效率。建立各级、各地区以及各部门之间的行动协同机制，解决跨地区和层级限制的安全问题。

3. 完善外部组织体系

网络技术的发展，打破了主权国家的地理界限，网络风险在全球范围扩散，成为全球性的治理问题。因此，必须打破单一国家治理的思维，形成国家与国家之间的国际合作关系，推动建立多边参与、多方合作的国际网络安全组织体系，建立国际社会中国家与国家之间、政府与国际组织及国际组织之间的网络安全对话协商机制，最终形成以主权国家为主导、多元合作参与的全球网络安全治理新格局，明确多元合作治理的界限。

（二）建立网络服务商的组织体系

网络信息安全风险说到底是技术风险，而技术预防的关键要建立合理有效的组织机制。网络运营组织存储、使用着大量的用户数据信息，是网络信息数据的集散地和风险多发地，组织内部的任一节点都可能成为网络信息安全问题的爆发点。所以，形成应对网络信息安全的组织机制至关重要。

1. 设置安全管理部门

要充分落实保护责任，信息安全风险管理事关全局，是一个专业化的工作，必须有专门的安全管理团队和专业的安全管理人才进行专业化管理。

一是建立专职的信息安全风险管理部门，或者在科技信息部下设立信息安全风险管理小组，配备专业的掌握信息安全管理技术的人才负责具体的业务工作。信息安全风险管理部门与其他部门一样，要加强部门的管理工作，形成自己的部门规章，相关负责人员必须明确自己的工作职责，定期引进先进的业务系统和管理模式。要为这些职能部门配备必要的财力、人力和物力资源，物尽其用、人尽其才，通过各个相关部门的积极配合，将信息安全风险管理工作落到实处。

二是设置专人专岗。在安全管理部门的招聘岗位中，要明确规定岗位工作人员所需的专业和技术能力。网络信息安全是一个专业性很强的工作岗位，必须实现专人专岗，配备专业的掌握信息安全管理技术的人才负责具体的业务工作，不能由其他科技人员兼职网络安全岗位。

2. 建立部门沟通协调机制

风险社会的复合性特征突破了单一节点的限制，网络节点中的每一个环节都具有风险，都可能成为网络信息安全的薄弱节点。因此，网络运营组织要打破单一部门治理的思维，形成以网络安全管理部门为主导多部门配合的联动应对机制。尤其是业务部门掌握大量的网络数据信息，是网络信息安全的关键节点，财务部门是组织的核心部门，也是网络安全链条的薄弱点。因此，网络运营组织要突破安全万能部门的思维，实现组织内部门之间的联动机制，建立组织内网络数据信息的应急响应和预警平台，以安全管理部门为主导，其他部门积极配合，加强平时的技术监测工作，出现漏洞及时修复，发现安全隐患时立即启动应急管理方案，保护各个部门的网络数据信息安全，同时将故障分析上传至平台，由安全管理部门进行解决，减少组织损失。

（三）优化网络信息安全产业的组织体系

1. 提升网络信息安全服务能力

一是建立适应时代发展的安全模式。形成安全服务行业体系。网络安全运行模式利用建立统一合作系统，建设专业化、常态化的人才服务队伍，引进先进安全技术手段等方式，按照健全的网络安全服务法规规范，将“风险定级、安全保障、监测漏洞、认知风险、应急响应、快速反应、统一指挥”进行整合，为网络服务商、网络使用者带来专业化的网络安全常态化维护、突发网络安全事件的预警处理等安全服务，保证互联网经济的稳定发展。

二是提升安全服务能力。依托企业、研究院、高等院校和网络使用者等多元参与主体，在产业链的服务供应和服务使用之间进行深入合作，聚合网络安全技术能力，深入开展智能学习、网络技术等领域的工作，提升核心竞争力。聚集安全服务行业的龙头企业，在产业规范数据接口、共享情报信息等方面进行合作，开放数据信息入口，提供系统化服务。以当前的技术和管理模式为前提，探索建立全新的网络安全产业运行方式和安全产品支付平台，扩大网络安全产业的市场规模，进而促进网络安全行业的持续稳定发展。

2. 发展网络信息安全保险产业

保险是作为一种救济制度出现的，可以提前预防网络安全事件，化解风险，尽可能地减少经济损失，也可以在网络安全事件造成的财产损失方面获得一定的经济补偿。因此，对个人和企业来说，网络信息安全保险可以及时止损，维护权益。

一是积极探索保险产品，创新保险险种。一方面，参考国外保险公司的经验、依据我国的客观事实基础，在网络财产保护、网络安全与隐私保护、网络犯罪与诈骗防范等民生利益关联紧密的领域设计适应市场发展需要的网络安全保险产品。另一方面，扩大网络安全保险的种类，对网络安全保险种类进一步细化，涵盖包括数据泄露、运营中断、网络攻击、声誉责任等多个领域的保险险种。

二是政府提供政策支持。负责保险监管的部门要与网络安全主管机构进行合作，制定促进保险制度融入网络安全风险治理的发展规划，利用财政、税收等方式，鼓励保险公司和网络安全产业一起促进网络安全保险事业的规范化运行。由政府招募网络安全领域的专业人员对信息资产开展安全等级评定工作，建立合理的信息资产安全等级机制，从法律制度层面进行制度化设计，从而为网络安全保险行业的健康发展提供制度保障。

3. 组建网络信息产学研用联盟

信息和网络安全问题是国家层次上考虑的问题，但同时也是一个极其广泛的社会问题，牵涉到人民生活和社会领域的方方面面。政府需要提倡和支持研究院、高校以及其他网络安全方面的专家，加入网络安全的研究过程中，建立政府、专业学术团队、公众三个维度相互融合的合作机制，大力开展对信息和网络安全基本理论、主要方式及其对策的研究。要加强大专院校与企业的合作，依托重点企业和相关课题，探索网络安全人才教育机制；以需求为导向，建立产学研相结合的人才教育方式；通过互联网企业中的科研项目平台，让学生可以进入网络安全科研课题中；给高校学生提供实践场所，为建设高素质的网络安全人才队伍创造便利条件；通过开设网络安全实践课程，提高网络安全人员的技术水平，满足社会对人才能力的需求。

三、完善相关法规

健全法律制度一方面可以推动法治社会建设，另一方面也为社会治理提供制度化保障。风险文化时代，必须依靠固定的法规或制度进行治理，要从责任主体的角度去划定风险归因，找出“谁应该为风险负责”“应该谴责谁”。虽然网络空间是现实社会的延伸，但它也要受到法律规范的约束。所以，完善网络安全领域的法律法规，形成规范化的网络治理环境，成为目前社会工作的重中之重。

（一）推动法规的落地实施

1. 出台专门的网络信息安全保护法律

一是出台个人信息保护法。大数据技术的发展，个人信息的获取、存储和使用更加便捷，个人信息为网络运营企业创造经济利益，带动了网络经济的发展，但对个人网络数据信息的保护却远远滞后。所以，立法机构必须制定专门的个人信息保护法，明确规定网络运营企业对用户个人信息的使用范围、存储要求和保护措施以及企业在违反规定后所应承担的法律后果，明确相关职能部门的监管责任；公民对个人信息享有的法定权利以及权利受损后的救济渠道，将散落于其他法规中的规定进行整合，使网络信息安全治理有法可依。

二是出台关于电子商务安全、网络信息通信、互联网安全服务、网络安全等级评定、关键信息基础设施保护、电子政务安全等方面的法律法规，为网络安全治理工作提供法律依据。

2. 提高法律执行力

一是重视国家层面立法，提高立法层级。目前我国关于网络信息安全的法律多是部门规章，执行力较低。所以，立法部门应当加紧出台法律位阶较高的网络信息安全法律，中央网络安全和信息化委员会以及工信部等主管部门也要加快出台相关的法规和规章，形成上位法和下位法结合的多层次的网络信息安全治理法律体系，为网络安全治理提供保障。

二是完善相关法律法规中的处罚规定。经济处罚和刑事处罚都是法律对行为主体实施的处罚方式，但是由于经济处罚的威慑力较低，仅仅依靠经济处罚并不能解决网络信息安全频发的问题。因此，要完善相关法律法规中的处罚规定，按照网络信息事件造成的社会危害程度，加大经济处罚额度，同时引入刑事处罚，发挥法律的作用，减少网络安全事件的发生。

3. 完善信息安全法律体系

一是完善法律配套措施。相关部门必须以基本法为指导依据，针对条款中的指导性原则制定相关的配套措施，完善基本法的法律保障体系。比如，在网络安全等级保护规范方面，可以出台《网络安全等级保护条例》，明确网络安全等级保护工作的职责分工，按照网络破坏后对国家安全、公民和其他组织的危害程度，分为不同的安全等级，不同安全等级的网络运营商应该履行的权利和义务，以及违反这一权利义务后应该承担的具体的法律责任等，都要做出详细的说明。各地方人民政府应结合自身情况进一步制定本行政区域内的规划和实施细则，提供相关的配套保护措施。

二是要明确相关部门的职责，高效执行法律。法律责任中对有关主管部门的规定，必须明确相关管理部门到底是什么，相关管理部门的具体职责范围和权力范围是什么，只有明确相关部门职责，才能高效执行法律规定，提高法律的效力和政府的公信力。

此外，立法部门也要与时俱进，及时修订相关法律规定，重视立法内容的完善；发现新问题，主动立法，重视立法的前瞻性。不断完善法律体系，依法治理网络信息安全问题。

（二）补齐网络服务组织的规章短板

组织的正常运行离不开一定的组织规范，网络运营组织发展也需要遵循一定的规章制度。网络信息安全作为一种新的风险，需要网络运营组织在运行过程中制定相应的配套组织规章，使网络数据的收集、使用处在适度、合理的范围之内。

1. 建立网络用户信息保护制度

《网络安全法》明确规定，网络服务者需要建立健全用户信息保护制度，加大对网络使用者对网络信息和企业机密的保护力度。对其收集的公民网络信息必须进行安全存储，严禁泄露、改变、破坏，禁止出售或者违法交易公民信息。网络运营企业可以采用授权访问的形式，减少人为泄露信息的可能。授权访问是依据数据库中信息的重要程度进行分级、分层管理，对企业的所有成员依据"知其所需"的要求设置访问权限，从而规范信息收集、存储和利用的程序标准，避免随意访问造成的网络信息泄露风险，做到访问程序的标准化、需求化。此外，还可以建立投诉、举报制度，对违反岗位规定故意泄露个人信息的工作人员进行匿名举报，强化工作人员的责任意识和安全意识，防止用户信息的故意泄露。

2. 提高工作人员的防范意识

一方面，建立在职人员的定期培训制度。一是开展岗前新人培训。明确分配软件设计开发人员、系统运行和维护人员，风险控制管理人员等不同角色、不同权限，以及他们在操作流程中承担的不同职责，开展专业技能培训。二是开展定期岗位培训。针对新问题新方法开展定期培训，使部门工作人员了解最新的网络安全知识，掌握最新的网络安全技术，及时总结各类网络安全事件的应对经验。定期对人员的工作进行考评，将考评结果纳入年终测评结果。只有将教育培训贯穿到网络安全工作的始终，才能真正形成长效的网络安全教育培训机制，有效解决网络安全问题。

另一方面，建立离职责任制。对于离职人员，在规定的离职期限内，也要保护所在岗位的用户个人信息和企业信息，防止在离职后泄露信息。

（三）加强行业的自律规范

行业规范是保证行业长远发展的自律机制，是除了制度监管和权力监管之外的第三种监管形式。行业自律组织相比于强制性的行政措施具有灵活性的特点，是网络信息安全治理的法外补充。

1. 成立独立的行业自律组织

一是要制定行业自律规范。我国的行业自律组织——互联网协会带有严重的官方色彩，受到行政主管部门的领导，这种“条件型的自律组织”，容易产生上命下从的现象。所以我国应该成立独立于政府的、由法律授权的“纯粹型的行业自律组织”，在网络数据信息采集标准、网络安全预警平台建设、防范网络攻击知识共享等方面成立专业化的行业自律组织，指导互联网行业的健康有序发展，同时行业自律组织也要与政府部门合作，真正发挥自律组织的作用。

二是制定行业自律规范。我国的互联网行业和网络运营商应该在遵守法律的基础上明确本行业的网络安全技术规范和产业运行规章，确定行业的准入门槛和退出规则，提高企业自身的违法成本。通过建立科学合理的自我管理、自我规范、自我监管、协同进步的行业自律制度来约束和管理整个行业经营商的活动，协助政府管理网络安全服务活动，从而建立起包括政府监督和行业自律的新型网络安全生态治理机制。

2. 建立专业的网民权利组织

网民权利组织可以汇集网络使用者的智慧，可以鼓励网络使用者参加到制定网络安全政策的过程，也可以对网络运营商的经营活动进行监督。现在一些国际性的网民权利组织逐渐在网络发达国家兴起，如美国的“电子前线基金会”、英国的“绿色网络”、法国的“网络团结”、德国的“混沌计算机俱乐部”、荷兰的“点滴自由”等。

面对我国网民权利组织发展的现实情况，政府需要鼓励和支持独立的网民权利组织的发展，通过法律对网民权利组织的进行赋权，保证网民权利组织的正常运行；支持网民通过权利组织维护自己的权益，缓和网民与政府以及网络运营企业的冲突，以此建立政府和网络使用者之间的诚信合作关系，促进网民权利组织参与网络安全治理活动，帮助政府解决网络安全问题。

四、优化运行机制

（一）建立评估机制

现代风险产生的一个重要方面就是技术的“资本主义”利用。关注技术对于人的生存状况的本质影响，给予单一线性技术“人文关怀”和“伦理意识”，在发明技术的同时，以谨慎负责的态度去评估技术带来的隐藏风险，注重技术应用的长远社会效应。

1. 完善信息安全评估的法规标准和管理体系

综合防范主要从技术、管理和法规标准三个方面展开，因此，必须完善法规标准和管理的短板。完善网络等级保护的法规标准，对信息安全评估的等级进行合理划分，明确划分的标准和指标，对于不同等级的保护规定也要做出详细的说明。只有完善和细化等级保护法规标准，才能在技术和管理上有章可循。此外，也要加强信息安全评估的管理和监督机制，将管理和监督贯穿到评估的全过程，对评估工作和效果进行及时反馈，不断改进安全评估机制，提升安全评估水平。

2. 建立动态信息安全评估机制

在分析阶段，按照等级保护规定，根据网络信息的安全程度以及遭受破坏后的损害程度对网络信息安全进行定级，明确每一等级下的安全管理要求和安全技术要求。

在设计阶段，按照物理安全、网络安全、主机安全、应用安全和数据安全及备份恢复等几个方面的要求开展安全设计工作，从制度、机构、人员、系统的建立和维护等方面进行设计，制订系统的网络安全评估计划。

在实现阶段，主要是对设计阶段的技术和管理进行测试和验证，只有通过实现阶段的测试，网络安全评估平台才能真正开展工作在运行阶段，通过自评估和检查评估相结合的方式，对信息安全系统的新漏洞进行改进和完善。

在废弃阶段，主要实现对原有信息安全评估系统中信息的迁移，对原有系统中的硬件和软件进行处置，避免造成二次损害。

只有将信息安全评估工作贯穿到每个阶段，才能真正实现信息安全的全过程评估。

（二）完善应急响应体系

1. 完善网络信息安全应急组织建设

从政府方面来说，成立网络信息安全应急指挥中心，形成多部门协同合作的应急响应机制，整合各部门的网络安全应急响应职责，建立从中央到地方的统一的网络安全应急响应机构，建设一支素质过硬、能力过强的网络安全应急队伍。

从网络服务商方面来说，要完善应急管理机制，提高应对网络安全事件的水平。网络运营企业应完善应急管理机制，成立“应急响应中心”，一旦发生入侵、事故和故障时，就启动应对措施，阻断可疑用户对网络的访问；启用“防御状态”安全防范措施；应用新的、针对现行攻击技术的安全软件“补丁”；隔离网络的各组成部分；停止网络分段运作，启用应急连续系统的运作。同时，将网络安全事件上报给相关的政府职能部门。此外，每个网络运营企业也要建立网络信息安全事件的应急预案，根据新情况和新特点，及时对预案进行修订，定期对预案进行操作演练，增强预案的执行性。只有建立完善的应急管理机制，才能迅速应对网络安全事故的发生，及时弥补，减少损失。

2. 提升应急防范运行能力

将关口前移，做好监测预警工作；推进应急体系资源共享，增强应急指挥调度协同能力；建立风险评估机制，提高网络安全事件的处置能力；完善信息通报机制、会商研判机制、技术支持体系，形成事前预防、事中应急、事后恢复的完善的应急处理机制。

3. 建立网络信息安全预案

对于关系到国家安全、政治和经济等关键领域的公共设施的网络平台，要完善应急预案；与关键网络基础设施安全保护相关的政府职能部门要制订该行业领域的应急预案。

（三）成立合作共享平台

利用网络技术攻击网络系统是当前网络安全事件的主要发生机制，创新发展网络信息安全的基础研究理论和先进保护技术，增强网络安全事件的处理能力，增强网络安全防御能力对于保证用户数据内容安全以及网络服务活动的正常开展具有重要的作用。通过设立信息交流平台和信息流转机制，快速了解和掌握网络信息安全事件的攻击和预防措施，有效防范和减少网络信息安全事件。

1. 加强组织内部信息沟通

设立信息安全合作共享平台，加强组织内部的信息沟通。在我国的组织体系中，纵向的垂直部门之间的沟通较多，但横向的组织部门之间各自为政，交流很少，网络信息安全事件的发生具有跨界性的特点，需要组织的横向部门之间打破孤立隔绝的状态，实现网络信息攻击形式和预防措施的信息共享，在网络信息发生之初，将有关情况信息分享到平台中，启动组织内部的应急预案，各部门及时采取应对措施。防止安全事件的扩散和蔓延；同时，通过共享平台的数据技术分析，快速锁定攻击病毒，及时采取措施降低损害。

2. 协调组织机构

在组织之间建立统一协调的机构，负责信息的交流和流转。倡导政府部门与多方利益攸关者建立长期稳定的合作伙伴关系，定期交流专业知识、共享情报信息，网络安全分析师们将会有选择性地向该平台内的参与者分享网络安全信息。政府、公安机关和网络服务商都会组织专业人员参与平台建设，保障平台内的全部成员可以在发生网络攻击的时候获得共享信息，即快速报警、病毒攻击的具体方式、应对措施等，帮助他们及时采取行动，降低损失。这种统一的信息共享平台，不仅可以提高网络信息安全事件的处理效率，也会降低网络安全事件的损害程度。

3. 做好信息合作共享平台的安全保护工作

加快对网络安全核心技术的研发，我国目前大多采用国外的信息安全技术产品，这些产品存在“植入后门”的隐患，因此，必须加快对网络安全核心技术的研发，形成自己的安全产品。要了解最新的网络攻击形式和网络防护技术。网络技术的发展日新月异，病毒的攻击方式也千变万化，依靠传统的防火墙技术已经不能完全阻绝黑客的入侵，所以必须掌握最新的网络攻击形式和防护技术。还要定期更新防护系统，为数据运营系统提供安全的运营环境。

参考文献

[1] 雷建云，张勇，李海凤．网络信息安全理论与技术 [M]．北京：中国商务出版社，2009.

[2] 李飞，陈艾东，王敏．信息安全理论与技术 [M]．西安：西安电子科技大学出版社，2010.

[3] 张宝军．网络入侵检测原理与技术研究 [M]．北京：中国广播电视出版社，2014.

[4] 姚淑萍．网络安全预警防御技术 [M]．北京：国防工业出版社，2015.

[5] 陈晖，霍家佳，徐兵杰，等．密码前沿技术：从量子不可精确克隆到 DNA 完美复制 [M]．北京：国防工业出版社，2015.

[6] 耿新宇．计算机网络信息安全研究 [M]．天津：天津科学技术出版社，2015.

[7] 李飞，吴春旺，王敏．信息安全理论与技术 [M]．西安：西安电子科技大学出版社，2016.

[8] 孙建国．网络信息安全实训 [M]．北京：北京邮电大学出版社，2016.

[9] 杨斌．信息安全技术发展与研究 [M]．成都：电子科技大学出版社，2016.

[10] 吴晓刚．计算机网络技术与网络安全 [M]．北京：光明日报出版社，2016.

[11] 康海燕．网络隐私保护与信息安全 [M]．北京：北京邮电大学出版社，2016.

[12] 薛静锋，祝烈煌．入侵检测技术 [M]．北京：人民邮电出版社，2016.

[13] 邹瑛．网络信息安全及管理研究 [M]．北京：北京理工大学出版社，2017.

[14] 彭海朋．网络空间安全基础 [M]．北京：北京邮电大学出版社，2017.

[15] 李芳，唐磊，张智．计算机网络安全 [M]．成都：西南交通大学出版社，2017.

[16] 王辉，史永辉，王坤福．企业内部网络信息的安全保障技术研究 [M]．长春：吉林人民出版社，2017.

[17] 王晋东，等．信息系统安全风险评估与防御决策 [M]. 北京：国防工业出版社，2017.
[18] 李冠楠．计算机网络安全理论与实践 [M]. 长春：吉林大学出版社，2017.
[19] 韦鹏程，韦玉轩，邹晓兵．信息系统安全的理论与实践研究 [M]. 成都：电子科技大学出版社，2017.
[20] 王世伟，等．大数据与云环境下国家信息安全管理研究 [M]. 上海：上海社会科学院出版社，2017.
[21] 桑志国，金峰．网络安全核心技术及其软件编程理论研究 [M]. 北京：中国原子能出版社，2018.
[22] 谢正兰，张杰．新一代防火墙技术及应用 [M]. 西安：西安电子科技大学出版社，2018.
[23] 毕方明．信息安全管理与风险评估 [M]. 西安：西安电子科技大学出版社，2018.
[24] 温爱华，赵滨，高嫒嫒．网络安全防护与管理技术研究 [M]. 长春：吉林大学出版社，2019.
[25] 邹佳祥．计算机数据库入侵检测技术 [J]. 中国管理信息化，2017, 20（3）：124-125.
[26] 钟娅．网络与信息安全的风险评估及管理 [J]. 精品，2019（4）：224-225.
[27] 叶晓兵．大数据时代防火墙和入侵检测技术在网络安全中的应用 [J]. 现代信息科技，2019, 3（19）:149-150+153.
[28] 林燕．网络信息安全的风险评估及管理策略 [J]. 信息系统工程，2020（8）：56-57.
[29] 赵文龙．网络安全现状与技术发展 [J]. 楚天法治，2020（24）：84-85.
[30] 李文杰．网络安全未来的发展趋势 [J]. 电子技术与软件工程，2020（6）：238-239.